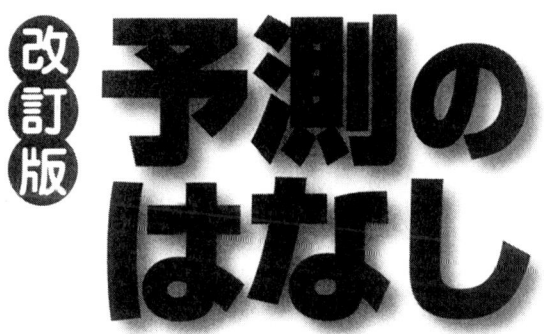

●未来を読むテクニック

大村 平 著

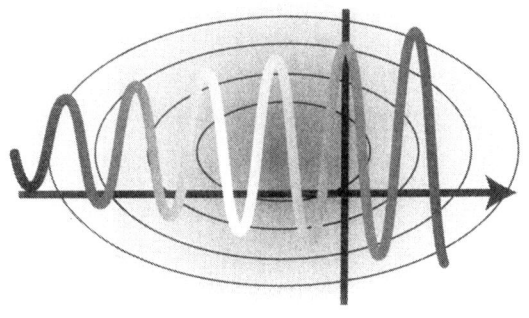

日科技連

まえがき

　将棋のある名人が，こういうことを言っていました．「棋士は将棋の流れや相手の手を予測しながら駒を打っていくのだけれど，その予測がしょっちゅう外れるようなら棋士として失格で，たちまち職を失ってしまう．ところが，これだけ激しい景気変動を予測しなかった政界，官界，財界のお偉ら方が，だれひとり責任もとらず，首にもならないというのは，実に不思議ですね……」

　将棋と日本の景気とでは同列に扱えないかもしれませんが，この名人の言葉を聞いて，わが意を得たりとひざを叩かれる方も少なくないでしょう．それにしても，このところ，予測ちがいが目につきませんか．1991年の劇的なソビエト連邦の崩壊を予測した人がいたでしょうか．1990年代の初頭，バブルのようにふくらんだ日本の景気がバブルのように破裂することを予測した方がいたでしょうか．予測を誤って会社を倒産させてしまった実業家，国家的事業を破綻させてしまった官僚など，かぞえ挙げたらきりがありません．

　ひとごとではありません．顧みて，自らの不明を恥じている方も決して少なくはないでしょう．反省してみれば，その場のムードに流されて投資をしたり進路を決めていただけで，将来の状況を予測してから決断しようなどと，考えてもみなかったように思います．痛い目に逢ったのは身から出た錆かもしれません．

　予測は，判断し意思を決め行動を開始するための第1歩です．第

1歩を省いて第2歩から踏み出そうとすれば転ぶに決まっています．転べば錆どころか血が出るのが当たり前です．ぜひ，第1歩は慎重に正確に踏み出したいものです．

そこで，予測を1冊の本にしてみようと思い立ちました．予測といっても水晶の玉を覗いたり筮竹を並べたりする予測ではありません．つとめて科学的な，つまり，論理性，再現性のある手法に限定して話を進めていくつもりです．したがって，数式が使われたり図や表が多かったりして煩わしいかもしれません．その代り，この手法を使えば，いつ，どこで，だれがやっても同じ結果が出ること請合いです．そのうえ，予測の道理を知ってしまえば，数式を解いたりグラフを描いたりする時間的余裕がないときの，とっさの予測でも大きく的を外すことはないでしょう．

だいぶ手前みそになってしまいました．なにしろ浅学非才の私が書くのですから，深みが足りなかったり，例題が通俗的に過ぎたり，たくさんの欠点が目に付くことと思いますが，そこのところはお許しいただき，最後までお付き合いいただければ幸いです．

最後になりましたが，このような本を世に問う機会を作っていただいた日科技連出版社の方々，とくに，25年にわたって私むきの企画を作りつづけてくださる山口忠夫課長，本作りにきめ細かく神経を配っていただいた岩崎真美さんに，心からお礼を申し上げます．

　　平成5年7月　　　　　　　　　　　　　　　　大　村　　　平

まえがき

　この本が出版されてから，もう，20年近くたちました．その間に思いもかけないほど多くの方々がこの本を取り上げていただいたことを，心から嬉しく思います．ところが，その間に社会の環境や各種の統計値などが変化したため，文中の記述などに不自然な箇所が目につきはじめました．そこで，そのような部分だけを改訂させていただきます．今後とも，さらに多くの方のお役に立てれば，これに過ぎる喜びはありません．

　なお，煩雑な改訂の作業を出版社の立場から支えてくれた，塩田峰久部長，戸羽節文取締役に，深くお礼を申し上げます．

　　平成22年7月　　　　　　　　　　　　　　　大　村　　　平

目　次

まえがき……………………………………………………… iii

1. 過去を知って，未来を読む ……………………… 1

　　人生，まるごと予測のかたまり　2
　　ひと口に予測というけれど　4
　　未来は過去の延長　8
　　移動平均で傾向を浮きぼりに　12
　　傾向を解析する　17
　　トレンド解析から未来の予測へ　21

2. トレンドを解析するために ……………………… 29

　　奇数個の移動平均と偶数個の移動平均　30
　　移動平均で，どれだけ誤差が減るか　34
　　なん時点の移動平均を選べばいいか　40
　　移動平均が本質的な値を狂わすこともある　46
　　移動平均は周期変動を消去することもある　51
　　相関を手掛かりに周期を見破る　59
　　コレログラムを作ってみる　64
　　ある周期変動を消して，他の周期変動を見つける　68
　　ごく簡便なコレログラムもどき　74

3. トレンド解析から予測へ …………………………………… 81

めのこで直線回帰する　82

科学的に直線回帰する　86

実例にあてはめてみる　90

2次曲線で回帰する　95

あてはめのよさを調べる　99

指数曲線で回帰し，予測する　106

どの回帰を選ぶのか　111

いろいろな回帰曲線のおさらい　114

成長のパターンを示すS字カーブ　118

ロジスティック曲線で回帰してみる　121

ゴンペルツ曲線もS字カーブ　127

予測をどこまで信用するか　131

4. 重回帰で予測する …………………………………… 135

2つの現象で3つめの現象を回帰する　136

実例にあてはめてみる　141

重回帰の効果を見よ　145

変数が分類で与えられたときの重回帰　149

なにが変数として適格か　154

分類で与えられたときへの応用　160

5. 確率で予測する …………………………………… 165

クイズで出発　166

確率過程をたどっていく　171

　　　　マルコフ分析で予測する　*176*
　　　　原因を予測する　*183*
　　　　推測統計は予測の一部　*187*
　　　　ゲームと予測　*189*

6. あの手この手で予測する ………………………… *195*
　　　　専門家の見識を集めてデルファイ法　*196*
　　　　デルファイ法を使いこなす　*202*
　　　　ほかの指標で予測する　*206*
　　　　景気動向を予測する先行指数　*208*
　　　　パターンを見破って予測する　*213*
　　　　パターンを平行移動して予測する　*217*
　　　　能動的に予測する　*220*
　　　　シミュレーションで予測する　*224*
　　　　日本人口は，どうなるか　*233*
　　　　予測は当たるのだろうか　*239*
　　　　アナウンス効果で外れる　*244*
　　　　予測を総括する　*247*

付録（1）　偶数時点移動平均による誤差の縮小　*253*
付録（2）　移動平均による縮小率の計算　*256*
付録（3）　回帰指数曲線の求め方　*258*
付録（4）　変数が4つ以上の重回帰の式　*261*

　　　　　　　　　　　　　　　　まんが　吉田　聡

1. 過去を知って，未来を読む

予測とはいっても，なんの手掛かりもなく予測できるものではありません．手掛かりのほとんどすべては過去の経験の中に求められるのですが，いちばん確かで使いやすいのは時系列に整理された過去のデータです．そのデータから読みとれる過去の傾向を，そのまま未来へ延長すれば，その延長線上に将来の姿が浮かび上がるからです．そして，この考え方は，さまざまな予測手法の根底に必ず潜在しているといっても過言ではありません．

人生，まるごと予測のかたまり

　テニスは予測の競技だといわれます．テニスに勝つためには，打球の正確さや強さが肝要であることは言うに及びませんが，それと並んで，相手の球がどこへ返ってくるかを予測する能力が重要だというのです．

　そういえば，老練なプレーヤーは，コートの中をあまり走り廻っているようには見えないのに，相手の球がくるところへ先廻りしていて，余裕をもって球を打ち返しています．これに対して，試合馴れをしていないプレーヤーは，練習のときには相当にいい球が打てるのに，いざ試合となると，老練なプレーヤーに振り廻されてコートの中を右往左往するばかりです．

　また，一流のプレーヤーは相手が球を打つ前に返球のコースを予測してスタートをきります．ときには予測が外れて茫然と球を見送ることがあるにしても，一流どうしの戦いでは，相手が球を打ってからスタートするようでは勝ち目がないのでしょう．

　いっぽう，ヘボなプレーヤーは，相手の打球のコースをしっかりと見定めてからでないと，スタートをきることができません．ヘボどうしの戦いなら互いに緩い球を打ち合うだけですから，これでも一応の試合になりますが，コーナーへ鋭い球を決めてくるような相手には，とても太刀打ちできそうもありません．こういうわけで，テニスは予測の競技だといわれるのでしょう．

　しかし，ヘボ・プレーヤーといえども，予測なしで球を打っているわけではないのです．相手の打球が飛んでくる方向や速さをしっかりと観測して，それらのデータから球の落下地点やバウンドした

1. 過去を知って，未来を読む

後の球の軌跡と未来位置を予測し，そこへ自分のラケットの未来位置をぴったりと合わせるように体の動きをコントロールしようと努めているわけです．もっとも，ヘボ・プレーヤーは，しょっちゅう，球やラケットの未来位置の予測を誤ったり，予測が正しくても自分の体やラケットを予測に合わせるようにコントロールできないところが，ヘボたるゆえんなのでしょう．

こういう見方をすると，私たちの人生はまるごと予測のかたまりです．考えてもみてください．起床時刻は，起きてから家を出るまでに要する時間や目的地に着くまでにかかる時間を予測しなければ決まるはずがありません．

道路へ出れば，走ってくる自動車の未来位置を予測しなければなりません．これが自分の動きを継続したときの予測位置と合致するようならたいへんです．立ち止まって車をやりすごすか，または，ダッシュして一目散に車の前を横切るかを選択しなければなりません．早朝の幹線道路では，この予測を誤って車にはねられたネコなどの死体を見ることが少なくありませんから，まさに，生死を賭けた予測です．

職場の仕事では，事務的な作業であろうと現場の作業であろうと，いつまでにどれだけ進捗できるかを予測しながら，時計とにらめっこで作業を進めるのがふつうでしょう．まして，企画の仕事などは，将来の経済の見通しや技術の進歩，さらには人材や資源確保の見通しなど，多くの予測の正しさがプロジェクトの成否を左右する決め手となりそうです．

また，職場ではいろいろな人たちと力を合わせたり競い合ったり，ときには争ったりすることも多いのですが，そういうとき，多かれ少なかれ自分がこうすれば相手はどのように反応するかを予測

するようでなければ,対人関係がうまくいくはずがありません.

戦いすんで日が暮れて,狭いながらも楽しいはずのわが家へと歩を早めながら予測するのは,鍋物と熱燗を揃えて待つ家族の笑顔でしょうか.楽しい予測に我を忘れて,生死を賭けた予測のほうが疎かになりませんように……

このように私たちは,日常の小事から命を賭けた大事まで,また,些事の見積りから大局的な判断まで,予測なしには夜も日もあけません.まさに,私たちの人生は予測のかたまりであるといっても過言ではないでしょう.

ひと口に予測というけれど

人生は予測のかたまりなのですが,ひと口に予測といっても,予測にはずいぶんさまざまな性格がありそうです.

テニスの相手が打った球の未来位置や,走ってくる車の未来位置は,いままでに観測した軌跡や速さなどのデータをもとに,脳細胞がおおいそぎで計算して予測しているのでしょう.この場合,テニスの球や自動車の未来位置に対して私たちの意志が介入する余地はありません.

これに対して,テニスの球を打ち返すラケットの動きとか,走ってくる自動車を避ける体の動きは,現在の自分の位置や身体各部の動作から未来位置を計算して予測しているところは前の例と同じですが,予測結果が不満足なら希望どおりの予測結果になるように動作を修正する余地が残されています.このままではテニスの球に追

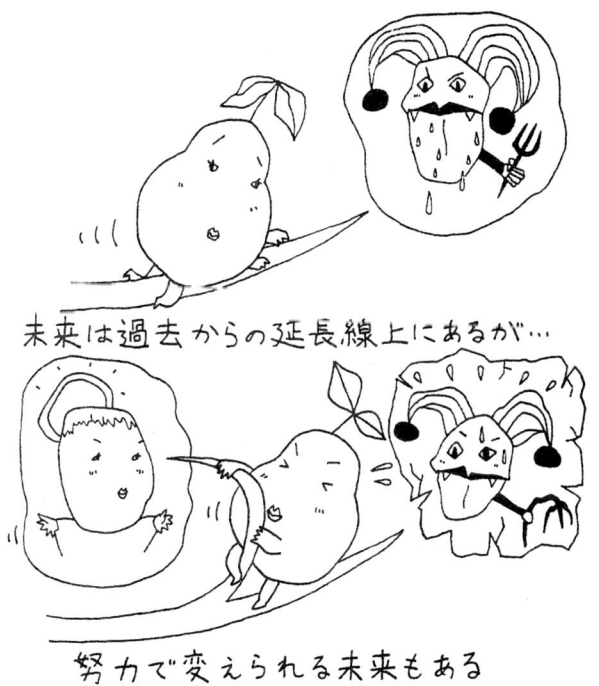

未来は過去からの延長線上にあるが…

努力で変えられる未来もある

いつかないと予測するなら体の動きを早めるし，とても追いつけないと予測すれば球を追う動作を断念してしまうようにです．つまり，前の例が成りゆきまかせの受動的な予測とするなら，次の例は，目標を達成しようとする能動的な予測といえるでしょう．

目的地に着くまでにかかる時間は，通い馴れた経路なら過去にたくさんの経験値がありますから，それらを参考にして予測することが可能です．いっぽう，はじめての所へ行くときには過去の実績がありませんから，地図や電車の時刻表など他の情報の助けを借りて

予測することになるでしょう.

　また，テニスの球などの未来位置は，やろうと思えば，微分方程式を解くなどして解析的に正確な予測ができますが，来年の今月今夜の天気などを解析的に予測することは現在では不可能であり，確率的に予測するしかありません．さらには，科学技術の進歩とか世界のパワーバランスの推移などのように方程式にも確率計算にも乗らないものは，有識者の直感に頼るなど，あまり科学的とは思えない方法で予測しなければならないものも少なくありません．そして，あいにくなことに「予測」という行為は，この種の事象を相手にすることが多いのです．

　そのうえ，対人関係のように協力したり競合するような相手がいる場合もあるし，天気の予測のように人間の意思や情を気にする必要がない場合もあります．もっとも，入学試験に合格するかどうかの予測の場合などでは，受験者の全員が競合する相手なのですが，相手の数が余りにも多すぎるので，個々の相手と考えていいのか，ひとかたまりにして人間の意思がいらない環境とみなすほうがいいのか迷うところです．

　さらにつけ加えるなら，「予測」という言葉は私たちがまだ見聞していない未来の姿を推測する行為と解釈されるのがふつうで，* 未来の遠さによって短期予測，長期予測，あるいは，近未来予測，遠未来予測などと区別されることもありますが，現実の「予測」では必ずしも未来ばかりを対象とするとは限らないようです．

　たとえば，選挙の開票速報では，たかだか10％くらいしか開票

　＊　「予測」　将来の出来事や状態を前もっておしはかること．また，その内容．（『大辞林』，三省堂）

していない時点で票の伸びを予測するグラフを示して，当確などの表示を出したりしますが，こういうときにも「予測」という言葉が使われます．投票箱の中では，過去の時点ですでに票の配分は事実として確定しているのにです．こうしてみると，予測は未来に対してばかりでなく，過去に対しても適用されることもあるのかな，と首をかしげてしまいます．

さらに，事故の原因や事件の犯人を推定するときにまで「予測」という言葉が使われたり，「地震の被害は調査が進むにつれて，さらに拡大することが予測されます」とアナウンスされるのを聞くと，首の傾きはいっそう大きくなります．もっとも，票の伸びや原因推定などの技法は将来に向かっての予測と共通に使えるものも少なくありませんから，既知の情報によって未知の情報を推し測ることを「予測」と拡大解釈してしまえば，首などかしげなくてもすむのですが……．

ごちゃごちゃと書いてきましたが，予測の対象にはずいぶんさまざまな性格がありました．こちらの意志が未来の姿に反映できるもの，できないもの，過去のデータがあるもの，ないもの，数理的な手法が使えるもの，使えないもの，相手があるもの，ないもの，予測する未来が遠いもの，近いもの，未来ではなくて過去にさかのぼるもの，などなど，なんとバラエティに富んでいることでしょうか．

予測の対象がこれほど多種多様なのですから，どれにも共通して有効に使える予測の手法などあるはずがありません．予測の手法も多種多様です．＊予測の対象や目的に応じてたくさんの手法が開発さ

＊　予測の手法の分類と総括については 247 ページまでお待ちください．

れ実用されています．それらを逐次，ご紹介していこうと思います．

未来は過去の延長

予測の手法は多種多様です．その中で，もっとも基本的なのは，過去から現在までの傾向を調べ，その傾向が今後も持続すると考えて未来の姿を予測する方法です．

表1.1をごらんください．これは，1965年から2005年までの日本の人口のデータです．数字を目でおっていただくと，人口は年とともに増加

表1.1 日本の人口のデータ

年	人口（万人）
1965	9,921
1970	10,372
1975	11,194
1980	11,706
1985	12,105
1990	12,361
1995	12,557
2000	12,693
2005	12,777

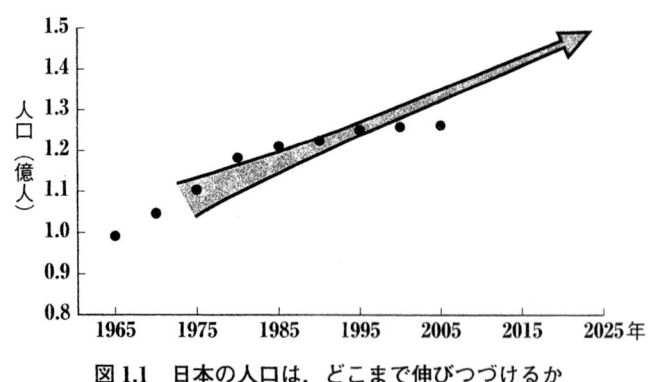

図1.1 日本の人口は，どこまで伸びつづけるか

の一途をたどっているのがわかります．日本の人口は，これから先，どうなるのでしょうか．

　こういうとき，数字をにらんでいるばかりでなく，グラフに描いてみるのが常套手段です．そのほうが，過去から現在までの傾向がずっと読みやすいからです．表1.1の9つのデータをグラフにしてみると，図1.1のようになります．9個の黒丸は多少のデコボコはあるものの，右上りに並び，年とともに人口が増加していることが一見して読みとれます．

　では，未来はどうなると考えたらいいでしょうか．この際，いままでの傾向がこれからも持続すると考えるのが，もっとも素直ではないでしょうか．同じ傾向が持続するという積極的な根拠がないとしても，それを否定する理由も思い当たらないのであれば，いままでの傾向の延長線上に未来の姿を描くのが公平というものだからです．

　そういうわけで，過去40年間の人口増加の傾向を一本の矢印で代表し，それを未来のほうへ伸ばしてみました．この矢印の上で未来の姿を読みとってみると，2015年には人口が1億3500万人，2025年には1億4500万人を軽く越えそう……．

　過去の傾向を調べ，それを未来へ延長して未来の姿を予測するという考え方は，予測の基本です．非常に多くの予測がこのような考え方で行なわれています．これからご紹介するほとんどの予測手法の根底には，常に，このような考え方が潜んでいるといっても過言ではありません．なにせ，「過去による以外に未来を判断する方法を私は知らない——パトリック・ヘンリー」というくらいですから，それは当然のことなのです．

そこで問題は，過去の読み方です．これが間違っていたのでは，未来を正しく判断できるわけがありません．同様に，現在の読み方も正確でなければならないことはもちろんです．

こういう観点から点検すると，図1.1の矢印によって，2025年には日本の人口が軽く1億4500万人を越えるだろうとした予測は，余りにも無造作で粗雑にすぎるものでした．過去の読み方にも疑問があるし，現在のデータも使いこなしているとは思えません．

図1.1を，もういちど見ていただけませんか．過去の9つのデータは，なるほど右上りに並んではいますが，ほんとうに直線的に並んでいると言えるでしょうか．1965～1985年の間では確かに直線的に上昇していますが，1985～2005年の5つの黒丸を見ると直線というよりは放物線を描く感じにまあるく並んでいるではありませんか．それなのに，全体をひっくるめて直線的な傾向があると考えたのは，軽率のそしりを免れません．1985年以後のデータのほうがずっと新しい過去なのですから，未来を占うための傾向としては直線ではなく放物線を採用するほうが素直ではないでしょうか．

そう思い直して，1985年以後の5つの黒丸を放物線でなぞってみたのが図1.2の曲線です．なんと，日本の人口は2000年代の後半には頭打ちとなり，その後は減少の一途をたどると予測されるではありませんか．図1.1の予測とはおおちがいです．過去の傾向の読み方を変えるだけで，まったく反対の予測になってしまうのです．予測にとって過去の傾向の読み方が決定的であることが，とくと判ろうというものです．

実をいうと，日本の人口の未来を予測する場合，過去の人口のデータしかないわけではありません．現在の年齢別の人口構成が詳細に

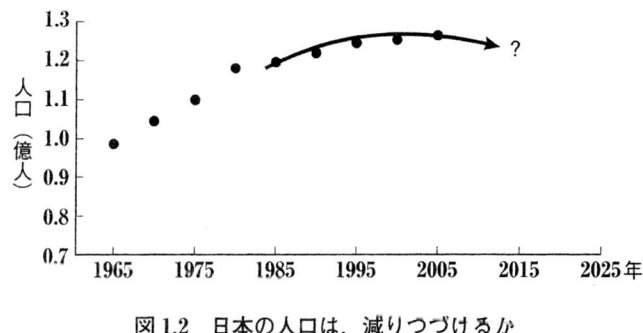

図 1.2　日本の人口は，減りつづけるか

わかっています．あとは，出生率と死亡率を予測して未来の人口を計算すれば，かなり正確な人口予測ができる理屈です．ですから，過去の人口のデータだけに頼っている図 1.1 や図 1.2 は，現実に通用する予測とはいえないでしょう．

ところで，死亡率と出生率を予測すれば未来の人口は計算できるはずと書きましたが，死亡率は医療態勢の整備によって多少は改善することができるし，出生率は育児と勤労を両立しやすくする施策や税制などによって変わります．日本の人口の将来に危機感を抱いた政府がすでに出生率を向上させる施策に着手しているくらいですから，その予測は 5 ページの表現を借りるなら，成りゆきまかせの受動的予測というよりは能動的予測として取り扱う必要があるかもしれません．

この件については，234 ページあたりで触れるつもりですから，ここでは深入りせず，予測にとっては過去の傾向の読み方が決定的であるということをこの節の結論として，先へ進ませていただきます．

移動平均で傾向を浮きぼりに

くどいようですが，予測にとっては過去の傾向の読み方が決定的な影響力をもちます．そこで，過去のデータから傾向を読みとるための手法へと話をすすめて参ります．

表1.2を見てください．2007年5月から2009年11月まで31カ月ぶんのデータがあります．小さなレストランで1日当りの生ビールの売上げを記録したデータと思っていただきましょう．1日当りに整理してありますから，28日しかない月と31日もある月を公平に扱われているところが心憎いところです．このように，時の流れに沿って記録されたデータは，一般に，**時系列(time series)データ**といわれます．

さて，このような過去の時系列データから傾向を読みとろうと思うのですが，数字を眺めているだけでは傾向のイメージが湧きませ

表1.2　過去31カ月ぶんのデータ

年　　月	データ	年　　月	データ	年　　月	データ
2007年5月	16	2008年4月	10	2009年3月	9
6	26	5	18	4	15
7	23	6	20	5	18
8	28	7	31	6	30
9	26	8	29	7	30
10	23	9	29	8	32
11	14	10	26	9	30
12	13	11	24	10	32
2008年1月	3	12	12	11	23
2	12	2009年1月	13		
3	5	2	17		

ん．そこで，常套手段にしたがってグラフに描いてみましょう．それが，図1.3です．

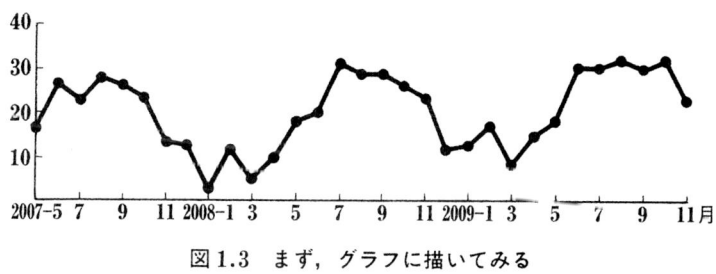

図1.3 まず，グラフに描いてみる

図を見ていただくと，はっきりした傾向が目につきます．多少のデコボコを無視しておおまかにいうなら，大きな山と谷を交互にくり返す周期性を持っているようなのです．それもそのはず，生ビールは夏にはよく売れるし冬には売行きが落ちるでしょうから，1年を単位として周期的に変動するのは，少しも不思議ではありません．

もっと注意して図を見てください．生ビールの売上げは1年を単位とした周期変動をしながら，年とともに，少しではありますが，増加の傾向にあるように思われませんか．

そういわれると，そのような気もしないではありませんが，増加の傾向があると断言するほどの自信もありません．なにしろ，全体に細かいデコボコがあるので，傾向が読みとりにくいのです．いったい，この細かいデコボコはなんでしょうか．

時系列のデータは，いろいろな変動が合成された挙句の結果として示されます．その内容を分析してみると

(1) 傾向変動
(2) 周期変動
(3) 誤差変動

の3つに大別されます．

傾向変動(trend variability)は，時系列データに大小さまざまなデコボコがあるにしても，全体の基調として増加したり減少したり，増加や減少の仕方が直線であったり曲線的であったりするような変動のことをいいます．

周期変動(periodic variability)は，一定の周期をもって増減する変動を総称します．とくに，1年を単位とする周期変動を**季節変動**ということがあります．時系列データには2種類以上の周期変動が混在することも珍しくありません．なお，循環変動という言葉もありますが，これは1回ぽっきりや不規則な循環も含めて，周期変動よりさらに広い意味に使うことが多いようです．

誤差変動(chance variability)は，偶然によって起こる不規則な変動です．また，偶然変動とか不規則変動と呼ばれることもあります．

さて，話を元に戻しましょう．図1.3に示された時系列データから傾向変動や周期変動を読みとりにくくしている細かいデコボコは，たぶん，誤差変動でしょう．夏なのに涼しい日がつづいて生ビールの売上げが落ちたり，近くの大学がスポーツの大会で優勝して学生たちが祝盃をあげるなど，いろいろな偶然に起因する変動だと思われます．それなら，この誤差変動を取り除いてやれば，時系列データが持つ傾向変動と周期変動が浮かび上がり，読みとりやすくなるのではないでしょうか．

それでは，誤差変動を取り除いてやりましょう．データの中のどの部分が誤差変動かは神ならぬ私たちには知る術がありませんから，誤差変動を完全に取り除くことはできないのですが，誤差の影響を小さくすることはできます．それには，つぎのような方法を使います．

表 1.2 に記録された私たちのデータは

　　　16　26　23　28　26　23　14　13　……

と，つづいていました．まず，最初の5つのデータ，つまり，3番めの23を中心とした5つのデータの算術平均を求めてください．23.8となります．この23.8を3番めのデータの代りに打点(プロット)してください．図1.4のようにです．

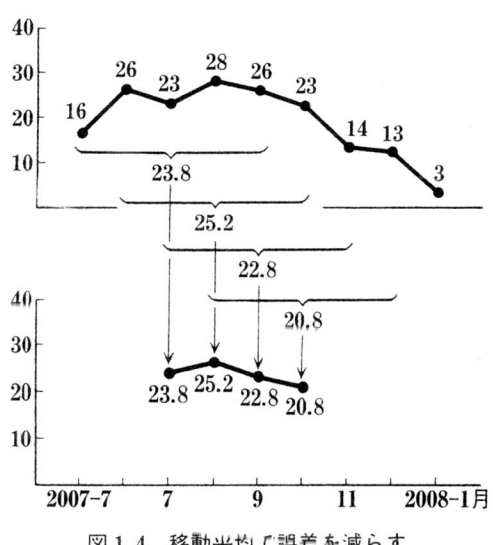

図 1.4　移動平均で誤差を減らす

つぎに，最初の1つを除いた2番めから5つのデータ，つまり，4番めの28を中心とした5つのデータの平均を求めると25.2になりますので，これを4番めのデータの代りに打点します．つづいて，5番めの26を中心とした5つのデータの平均値22.8を5番めのデータの代りに，さらに，6番めの23を中心とした5つのデータの平均値20.8を6番めのデータの代りに……と，作業をつづけてください．

このように，つぎつぎと移動しながら5つのデータの平均を求め，求められた平均を新しいデータとみなす方法を**移動平均法**(moving average method)と呼んでいます．なお，いまは1つの例として5個ずつのデータを平均しましたが，なん個のデータを平均するかは状況によります．細部については，つぎの章までお待ちください．

では，私たちのデータに移動平均法の作業を施した結果を見ていただきましょう．図1.5が，その結果です．図1.3と較べると細かいデコボコがあらかた消滅して，ずいぶん滑らかになっているではありませんか．誤差の影響がかなり取り除かれてしまったからです．

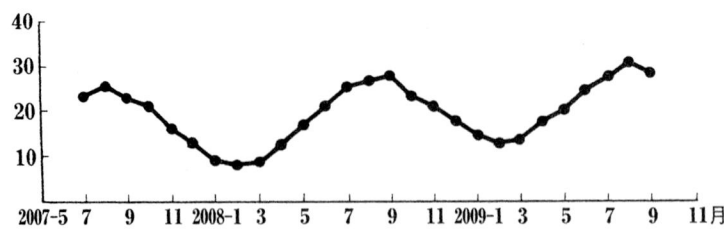

図1.5 移動平均によって，こんなに滑らかになりました

移動平均法を使うとこんなに滑らかになってしまうので，移動平均の作業を**スムージング**と通称するくらいです．

ところで，なぜ移動平均すると誤差の影響が減ってしまうのでしょうか．詳しくはつぎの章で述べますが，とりあえずは，つぎのように考えておいてください．

隣り合った5つのデータには，それぞれ誤差が含まれていて，その誤差はプラスの値であったりマイナスの値であったりします．平均を求めるために5つのデータを加え合わせたとき，プラスの値ばかりが加算されたりマイナスの値ばかりが合計されたりして誤差が累積することもたまにはありますが，その確率は小さく，たいていの場合はプラスの誤差とマイナスの誤差が互いに消し合ってしまいます．そのために，誤差の影響がかなり減少するのがふつうなのです．

傾向を解析する

移動平均によってスムージングしてみたところ，私たちの生データは図1.3から図1.5へと，ずいぶん滑らかになりました．ここまでくれば傾向変動や周期変動をかなり正確に読みとれそうです．しかし，図1.5の折れ線グラフは，まだ多少，ぎくしゃくしていますから，これを滑らかな曲線で近似してしまいましょう．周期変動は滑らかに変動するのがふつうです．ぎくしゃくしているのは誤差変動が除去しきれずに残っているためと考えられるからです．こうしてできたのが図1.6の滑らかな曲線です．

私たちの時系列データから誤差変動を取り除いてみたら，図1.6

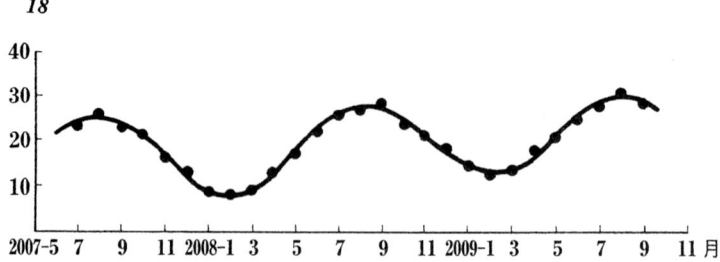

図 1.6　誤差変動を取り除いたら

のような滑らかに変動する曲線が現われたのでした．こんどは，この曲線から周期変動や傾向変動を読みとっていきましょう．そのために，図 1.6 から目ざわりな黒丸を消して滑らかな曲線だけを転記したのが，図 1.7 の曲線です．

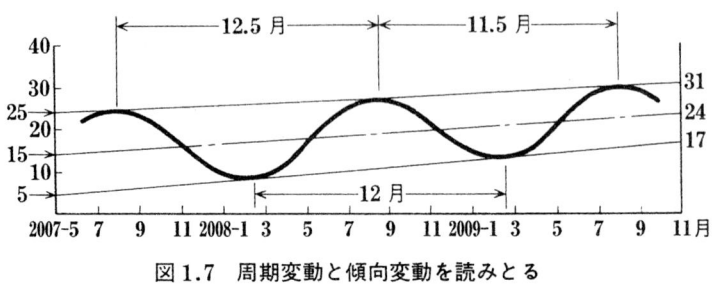

図 1.7　周期変動と傾向変動を読みとる

この曲線では，なによりも周期変動が印象的なので，まず，周期変動のほうから読みとっていこうと思います．そのために，曲線の山頂から山頂までの距離を測ってみました．図 1.7 の中に記入したように，第 1 の山頂から第 2 の山頂までが 12.5 カ月，第 2 の山頂から第 3 の山頂までが 11.5 カ月です．両者の平均はちょうど 12 カ

月ですから，周期は12カ月とみなして間違いはなさそうです．12.5カ月と11.5カ月に分かれたのは，誤差変動が完全には除去しきれなかったり，そこへ滑らかな曲線を近似的に記入したりしたためですから，気にする必要はないでしょう．

ついでに，曲線の谷底から谷底までの距離も測ってみると，図1.7に記入してあるように，12カ月でした．周期変動の周期の長さが12カ月であることは，これで確固たるものになったようです．

つぎに，周期変動の振幅のほうは，どうでしょうか．振幅の大きさを読みとるために，山頂どうしを連ねる直線と谷底どうしを連ねる直線を，図1.7に記入してみました．見てください．周期変動の振幅は時の流れにつれて減少していく傾向があるではありませんか．生データからは絶対に見破ることのできない姿が，いま目の前に曝されているのです．

では，周期変動の振幅の大きさはいくらで，それが時の流れとともに，どのように減少していくのでしょうか．それは図1.7に描かれた曲線の振幅の大きさをグラフの目盛によって測ればわかる……と思いがちですが，実は，そうは問屋がおろしません．

なぜかというと，図1.8に例示したように，移動平均によって作られた曲線は元の曲線より振幅が縮小されているからです．つま

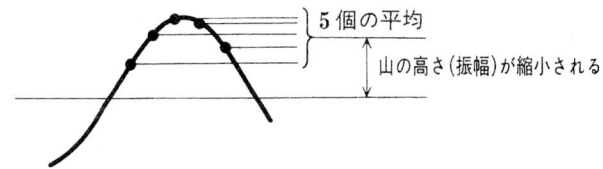

図1.8 移動平均すると山が低くなる

り，山の頂上付近にあるデータを中心に5個のデータを平均すると，それは必ず山の高さより低くなってしまうのです．

したがって，図1.7から読みとった振幅の大きさを縮小されているぶんだけ修正してやらなければなりません．どれだけ修正したらいいかについての理屈は，つぎの章で詳しく述べますが，図1.7の場合にはグラフから読みとった振幅を約1.36倍する必要があります．

それでは，図1.7から振幅の大きさを読みとってみましょう．山頂を連ねる直線と谷底を連ねる直線の両端の数値から

$$2007\text{-}5\text{月には} \quad \text{縮小された振幅} = (25-5)/2 = 10 \quad (1.1)$$

$$2009\text{-}11\text{月には} \quad \text{縮小された振幅} = (31-17)/2 = 7 \quad (1.2)$$

ですから，元の振幅は

$$2007\text{-}5\text{月には} \quad 振幅 = 10 \times 1.36 \fallingdotseq 14 \quad (1.3)$$

$$2009\text{-}11\text{月には} \quad 振幅 = 7 \times 1.36 \fallingdotseq 10 \quad (1.4)$$

であったはずです．2007-5月から2009-11月の30カ月の間に，振幅は14から10へと約30%も減少しています．10カ月当り10%も減少しているようですね．ともあれ，このようにして，私たちの生データに隠れていた周期変動については，その周期や振幅の大きさを見事に読みとることができました．

最後に，傾向変動のほうに移りましょう．もういちど図1.7を見ていただけませんか．生ビールの売上げは四季によって大きく周期変動しながらも，全体的な基調としては増加の傾向にあるようです．その証拠に，山頂を連ねる直線と谷底を連ねる直線のちょうど

中央に1本の直線を引いてみてください．その直線は，2007-5月では15，2009-11月では24の値を示しています．この値は月当りの平均売上げを意味していますから，平均売上げは2007-5月から2009-11月までの30カ月に，15から24へと増加していることが読みとれます．こうして，傾向変動のほうも見事に読みとることができました．めでたし，めでたし……．

　私たちは，表1.2で与えられた過去のデータから移動平均法によって誤差変動を取り除き，データに潜んでいた周期変動と傾向変動を見事に洗い出すことに成功しました．このような解析の仕方は，**傾向解析**と呼ばれています．カタカナ英語の好きな日本では，**トレンド解析**といわれることも少なくありません．

トレンド解析から未来の予測へ

　予測のもっとも基本的な考え方は，過去から現在までの傾向を調べ，その傾向が今後も持続すると考えて未来の姿を予測することだと，前に書きました．私たちは，せっかく，トレンド解析によって過去から現在までの傾向を調べ上げることに成功したのですから，この傾向が今後も続くと考えて未来を予測してみることにしましょう．

　まず，誤差変動を除いた過去の傾向をグラフに描いてください．図1.7の曲線に修正を加えながら描くのです．その第1歩として，全体的な増加の傾向を示す中心線を引きます．この中心線は，移動平均などによって縮小も拡大もされていませんから，修正する必要はありません．図1.7と同じく，2007-5月のところで15，2009-11月

のところで24になるような直線をすっと引くだけですみます.

つぎに,山頂を連ねる直線と谷底を連ねる直線を引くのですが,こんどは移動平均によって縮小されてしまったぶんだけ拡大して元の振幅に戻さなければなりません.元の振幅は式(1.3)によって2007-5月では14,また,式(1.4)によって2009-11月では10でした.したがって,

$$2007\text{-}5月では \begin{cases} 山頂を連ねる直線は & 15+14=29 \\ 谷底を連ねる直線は & 15-14=1 \end{cases}$$

$$2009\text{-}11月では \begin{cases} 山頂を連ねる直線は & 24+10=34 \\ 谷底を連ねる直線は & 24-10=14 \end{cases}$$

となるはずです.

こうして山頂を連ねる直線と谷底を連ねる直線を引いたら,この2本の直線の間にうまく納まるように周期を12カ月とする滑らかな曲線を書き入れてください.曲線の形は正弦曲線(サインカーブ)をモデルにすればいいでしょう.また,図1.7を参考にすると,山の頂は2007-8月,2008-8月,2009-8月とし,それらのまんなかの2008-2月と2009-2月に谷底を位置させればよさそうです.そのとき,曲線が中央線を横切る位置がおおむね5月と11月になることも,曲線を書くときの目安となるでしょう.

このようにして描いたのが,図1.9における2007-5月から2009-11月までの実線で描いた部分です.これが,誤差変動を除いた過去の傾向なのです.

では,この傾向を未来へ延長しましょう.まず,中心線を右に延長します.つづいて,山頂を連ねる直線と谷底を連ねる直線も右のほうへ延長します.そして,この2本の直線の間にぴったりと納ま

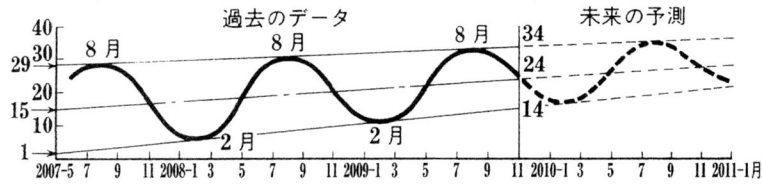

図 1.9　過去の傾向を未来へ伸ばしてみる

るように，2月を谷，8月を山とするような曲線を滑らかに書き入れてください．これで，出来上りです．

2010年から2011年にかけての生ビールの売上げは，この曲線のように推移すると予測されます．つまり，生ビールの売上げは全体としては上昇基調にあり，夏と冬の売上げの差は減少していくと予測されるのです．

もちろん現実には，このような予測値に偶然による誤差変動が加わることを承知しておかなければなりません．誤差変動をどのくらい覚悟する必要があるかを知りたければ，ごめんどうでも，つぎのような作業をするはめになります．

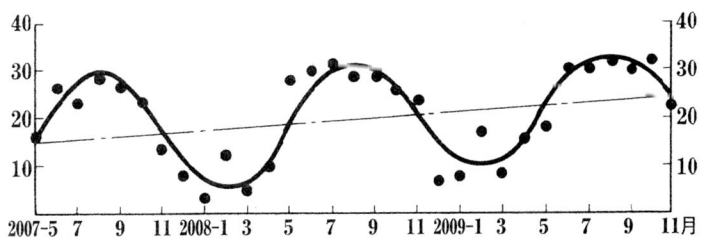

図 1.10　誤差変動を除去して得た曲線と生データの差を誤差とみなす

誤差変動を取り除いて過去の傾向を浮かび上がらせた曲線，すなわち図 1.9 に実線で描いた曲線と，表 1.2 の生データとを同じグラフの上に書いてみてください．図 1.10 のようになるはずです．曲線は誤差を取り除いた結果ですから，生データを示す黒丸が曲線から縦軸方向に離れている距離が，その生データに含まれている誤差の大きさを表わしているはずです．そこで，その誤差の大きさをひとつひとつ読みとってください．

　　　2007-5 月では　　　　1
　　　　6 月では　　　　　4
　　　　7 月では　　　　－5
　　　……以下，省略……

というようにです．このようにして読みとった誤差の大きさを表 1.3 に示してあります．なお，このような誤差を**残差**ということが少なくありません．もともと存在していた誤差かどうかは神様にし

表 1.3　誤差変動を推察してみると

年　月	誤　差	年　月	誤　差	年　月	誤　差
2007 年 5 月	1	2008 年 4 月	－1	2009 年 3 月	－3
6	4	5	10	4	0
7	－5	6	5	5	－5
8	－2	7	1	6	1
9	－2	8	－2	7	－2
10	0	9	－1	8	－1
11	－3	10	0	9	－2
12	－4	11	3	10	3
2008 年 1 月	－5	12	－13	11	－1
2	7	2009 年 1 月	－4		
3	－2	2	7		

かわかりませんが，取りきれずに残ってしまった差であることは確実ですから……．

過去31カ月の生データに含まれていた誤差は表1.3のとおりと推測されますから，これらから誤差の平均値と標準偏差を計算してみると

　　平　均　値　　　-0.5
　　標準偏差　　　　4

くらいの値になります．誤差の平均は，ほんとうは，ほとんどゼロになるはずなのですが，山頂や谷底を連ねる直線や正弦曲線をモデルにした曲線をめのこで書き入れたり，式(1.3)や式(1.4)を近似計算をしたために，少しずれてしまったようです．標準偏差よりずっと小さなずれですから気にしなくていいでしょう．

過去31カ月の売上げに標準偏差4くらいの誤差変動が含まれていたということは，その傾向が持続する限り未来においても同程度の誤差変動が発生するということを意味します．したがって，将来の予想としては，図1.9の未来予測の曲線から読みとれる値に，この誤差変動が加わることを覚悟しておく必要があります．たとえば，図1.9の曲線を見ると2010-8月には1日当り35杯の生ビールの売上げが予測されるのですが，実際には誤差変動が加わって

　　　　約2/3の確率で　　　31〜39杯の間

と予想しておくようにです．*,**

私たちは，過去31カ月のデータを解析したうえで，将来の生ビールの売上げを予測してみました．その結果，これらから当分の間について，季節によって変動する売上げを見事に予測することが

できました.なにしろ,12カ月を周期として変動はするものの,その変動の幅はだんだん狭まり,全体としては上げ潮の基調にあることが,具体的な数値で予測できたほか,偶然によって変動する幅まで見当がついたのですから,これは,もう完璧です.これだけ完璧に予測する手法を知ったのですから,もう「予測のはなし」を終わりにしてもいい……？

そういうわけには,いきません.前にも書いたように,私たちが行なう予測にはさまざまな性格のものがあります.この章で取り扱った例題は,過去のデータが揃っていて,競争相手もなく,だれの意思もいらず,成りゆきまかせで,数値やグラフでの解析もしやすく,しかも,ごく近い未来だけを予測した,ごく恵まれた1つの例にすぎません.だから,「予測のはなし」を終わりにするわけにはいかないのです.

それに,例題の中にも,いくつもの宿題を残してしまいました.いまの例題では,5個ずつのデータを移動平均しましたが,平均するデータの個数によってどのような利害得失があるのでしょうか.また,周期変動の振幅はどのくらい縮小されるのでしょうか.誤差変動はどのくらい取り除かれるのでしょうか.

---

* このあたりの記述は,誤差はゼロを平均値とした正規分布にしたがうことを前提にしています.正規分布の性質などについては『統計のはなし(改訂版)』などを参照していただければ幸いです.

** この例題に使った表1.2の生データは,2007-5月から2009-11月にかけて,中心の値を15から22.5へ,正弦曲線の振幅を13から10へ直線的に変化させた値に,$N(0,4^2)$で正規分布する値をランダムに加えて作り出した値でした.まあまあの解析結果だったようです.

さらに，なん種類かの周期変動が混在するような場合には，どのように解析したらいいのでしょうか．トレンド解析にだけ焦点を絞っても，まだまだ調べたいことがたくさんあります．そこで，章を改めて先へ進んでいこうと思います．どうか，お付き合いください．

> **コーヒーブレイク**
>
> 　日本の人口の推移を予測することは意外にむずかしく，第6章で見ていただく予定ですが，十数年後の予測についてさえ推定値にかなりの幅がでてしまいます．
>
> 　けれども，18歳の人口の推移に限れば，今後18年間は正確に予測することができます．なにしろ，すでに生まれている人たちが，ほぼ一定の死亡率のもとに，順ぐりに年をとって18歳になっていくのですから．
>
> 　そこで，大学や自衛隊などでは，今後18年間の18歳人口の数字とにらめっこしながら，募集や採用の作戦に取り組んでいます．

2. トレンドを解析するために

予測の基本は、過去の傾向を調べ、その傾向を未来へ延長して未来の姿を読むことにあります。したがって、過去の傾向を正しく把握することが予測を適中させるための決め手です。ところが、過去の傾向を示すデータには偶発的な誤差などが含まれているため、漫然とデータをなぞっているだけでは傾向の本質的な部分を把握できるとは限りません。そこで、データに含まれている誤差などを排除して本質的な傾向を洗い出すためのトレンド解析が必要となります。

奇数個の移動平均と偶数個の移動平均

　前の章で，過去の傾向を調べ，それを未来へ延長して未来の姿を予測するのが，予測の基本であると，しつこいほど書きました．そして，予測にとっては過去の傾向の読み方が決定的に重要であると指摘し，過去の傾向を読むためのトレンド解析の一端をご紹介したのでした．この章でも，ひきつづき，トレンド解析を掘り下げていこうと思います．

　過去の傾向を教えてくれる時系列データは，時として，大きな誤差変動を含むため，肝腎の傾向変動や周期変動が読みとりにくいことがあります．そういうときには，移動平均によって誤差変動の影響を減らしてやると，傾向変動や周期変動が浮き彫りにされ，過去の傾向が読みとりやすくなることは，前章の例題で体感したところです．

　ところで，なぜ，移動平均すると誤差の影響が減るのでしょうか．そして，前章の例題では，過去のデータを5個ずつひとかたまりにして平均を求めましたが，2個や3個のように少数個ずつの平均なら，どうなるのでしょうか．また，7個や8個にふやしたら，どうなるでしょうか．まずは，このあたりから掘り下げていきたいと思います．

　掘下げ作業に先立って，ひとつだけ準備しておきたいことがあります．前章の例題では，5個ずつのデータについて移動平均を求めました．つまり，あるデータに含まれる誤差を，前後2個ずつのデータに含まれる誤差と共喰いさせることによって，減少させようとしたわけです．この考え方によれば，前後1個ずつのデータの助

2. トレンドを解析するために

けを借りたければ3個の移動平均を使えばいいし，前後3個ずつのデータの助けを借りるには7個の移動平均を使えばいいはずです．そうすると，移動平均は奇数個ずつのデータについてしか行なえないのでしょうか．

　実は，あとで述べるように，周期変動との関係などによって偶数個ずつのデータについて移動平均をとりたいことも少ないとは言えません．そのときのために，偶数個についての移動平均のとり方について，準備しておこうと思います．

　偶数個の移動平均の方法には2つの考え方があります．1つの考え方は，図2.1のとおりです．この図は，4個ずつのデータを移動平均する方法を例示しています．すなわち，連続した4個のデータから平均値を求め，その値を2番めと3番めのデータの横軸目盛の中央に打点するのです．この方法を，かりに，中央打点法とでも名付けておきましょう．

　この考え方は，横軸目盛が連続量であるときには違和感がありません．たとえば，図2.1の横軸目盛が5時，6時，……というような時刻を表わすと思ってください．データの値は，5時に5，6時に3，7時に4，8時に2ですから，これらの平均をとって「6時半に3.5」とみなすのは自然です．

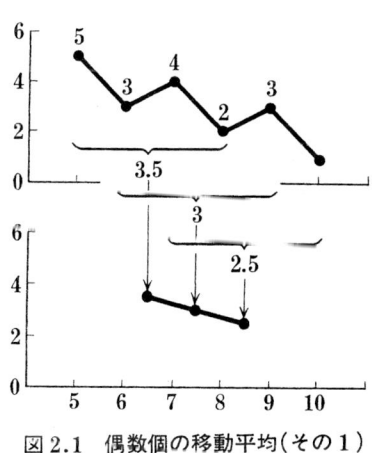

図2.1　偶数個の移動平均（その1）

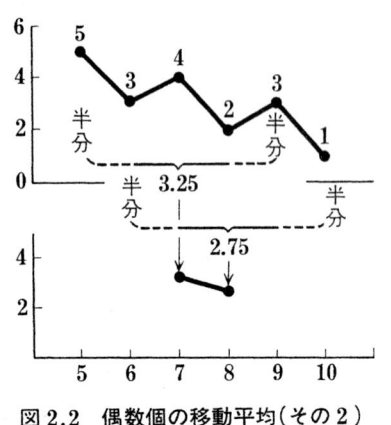

図 2.2 偶数個の移動平均（その2）

ところが，横軸目盛が連続量でないときには，意味が不明になってしまいます．たとえば，横軸目盛が月，火，水，木，……と曜日を表わしていたら，どうでしょうか．月に 5，火に 3，水に 4，木に 2 だからといって，「火曜半に 3.5」というのは意味が不明で納得がいきません．こういうわけで，このような偶数個の移動平均は，あまり実用されていないようです．

偶数個の移動平均についての，もう 1 つの考え方は図 2.2 のようなものです．たとえば，3 番めの「4」というデータを中心に平均を求める場合を考えてみましょう．左右の 1 個ずつのデータを中心の値に加えて平均をとると 3 個の移動平均になるし，左右 2 個ずつのデータを加えて平均をとると 5 個の移動平均になってしまいます．

そこで，左右 1 個ずつのデータはそのまま中心の値に加え，その両側のデータは半分にして加えたうえで平均をとることにしましょう．加えたデータは，中心の値が 1 つ，左右の値が 2 つ，その両側の値が半分ずつの計 1 つですから，合計を 4 で割れば平均値になるはずです．すなわち，3 番めの「4」というデータを中心とした 4 個の平均を

$$\frac{1}{4}\left(\frac{1}{2}\times 5+3+4+2+\frac{1}{2}\times 3\right)=3.25 \qquad (2.1)$$

とみなすのです．そして，この値は中心のデータ「4」の代りに使われることになります．同様に，4番めの「2」というデータを中心とした4個の平均は

$$\frac{1}{4}\left(\frac{1}{2}\times 3+4+2+3+\frac{1}{2}\times 1\right)=2.75 \tag{2.2}$$

というように計算していきます．参考書などには，これを

$$\frac{1}{4}\left(\frac{1}{2}x_{i-2}+x_{i-1}+x_i+x_{i+1}+\frac{1}{2}x_{i+2}\right)=\bar{x}_{i(4)} \tag{2.3}$$

などと書いてあるので目がちらちらしますが，要するに，こんなことですから，驚くにはあたりません．

この方法なら，横軸の目盛が連続量でなくても使えます．そのうえ，移動平均に当たっては，中心から遠く離れたところにあるデータは軽く扱われるのが当然，という気持ちにも合致しています．*
したがって，偶数個の移動平均が必要なときには図2.1の方法より図2.2の方法を選ぶのがふつうです．そして，とくに断わらずに**4時点移動平均**などという場合は，こちらの平均法を指しています．

ただし，この方法は計算の手数もめんどうですし，生データの両端がムダになる量も多いので，奇数個の移動平均で間に合うなら，むりに偶数個の移動平均を使う必要はないでしょう．

---

* 移動平均をするとき，中心の値に重きをおき，離れた値ほど軽く扱うのが当然ではないかとの思想に基づいて，中心から離れるにつれて幾何級数的に重みを減らす方法もあります．たとえば，つぎのようにです．

$$\frac{2}{5}\left(\frac{1}{4}\times 5+\frac{1}{2}\times 3+4+\frac{1}{2}\times 2+\frac{1}{4}\times 3\right)=3.4$$

移動平均で，どれだけ誤差が減るか

先へ進みます．こんどは，移動平均によってどのように誤差が減少していくかを調べる番です．移動平均は，あるデータに含まれる誤差を，前後のデータに含まれる誤差と共喰いさせながら減らしていく方法ですから，きっと，たくさんのデータをひとまとめにして平均するほうが誤差の減少は顕著だろうと思われます．平均するデータの数が多いほど，プラスとマイナスの誤差が相殺される機会が多いにちがいないからです．論より証拠，さっそく適当な題材を使って実証してみることにしましょう．

題材は，統計年鑑などを探せばいくらでも見付かるのですが，含まれている誤差の性状が明らかではありませんから，人工的に題材を作ることにしました．表2.1を見てください．0番から20番まで21個のデータがありますが，これらのデータは「データの内訳」のようにして作られたものです．

すなわち，0番から20番までの間にデータの基本値が5.0から7.0へと直線的に増加していきます．そして，それに誤差が加算してあります．これらの誤差は，手元にあった「正規分布の乱数表」*の数値を使いましたから，平均値がゼロで標準偏差が1の正規分布からランダムに取り出されたとみなすことができます．昔から，誤

---

* 『新編 日科技連数値表—第2版—』の正規乱数表を頭から，コンマ以下2桁めを四捨五入して使いました．正規乱数表は，ひと口にいえば，平均値がゼロ，標準偏差が1の正規分布をする数値をランダムに並べたものですが，詳しくは『シミュレーションのはなし』を参照していただければ幸いです．

表 2.1 誤差を含んだデータ

番号	データ	データの内訳
0	6.2	5.0+1.2
1	3.8	5.1−1.3
2	4.7	5.2−0.5
3	3.9	5.3−1.4
4	5.9	5.4+0.5
5	4.0	5.5−1.5
6	4.5	5.6−1.1
7	6.5	5.7+0.8
8	5.6	5.8−0.2
9	4.9	5.9−1.0
10	4.3	6.0−1.7
11	5.9	6.1−0.2
12	6.0	6.2−0.2
13	7.2	6.3+0.9
14	7.2	6.4+0.8
15	6.1	6.5−0.4
16	5.5	6.6−1.1
17	5.8	6.7−0.9
18	7.4	6.8+0.6
19	6.8	6.9−0.1
20	7.9	7.0+0.9

差は平均値がゼロの正規分布に従うことが経験的に認められていて，正規分布の曲線を誤差曲線と呼ぶこともあるくらいですから，表2.1のデータは，癖のない誤差を含んだ典型的なデータということができるでしょう．

では，とりあえずデータの素性を忘れてください．そして，トレンド解析を始めていただきます．常套手段に従って，このデータをグラフに描いてみてください．図2.3の最上段のようになるはずで

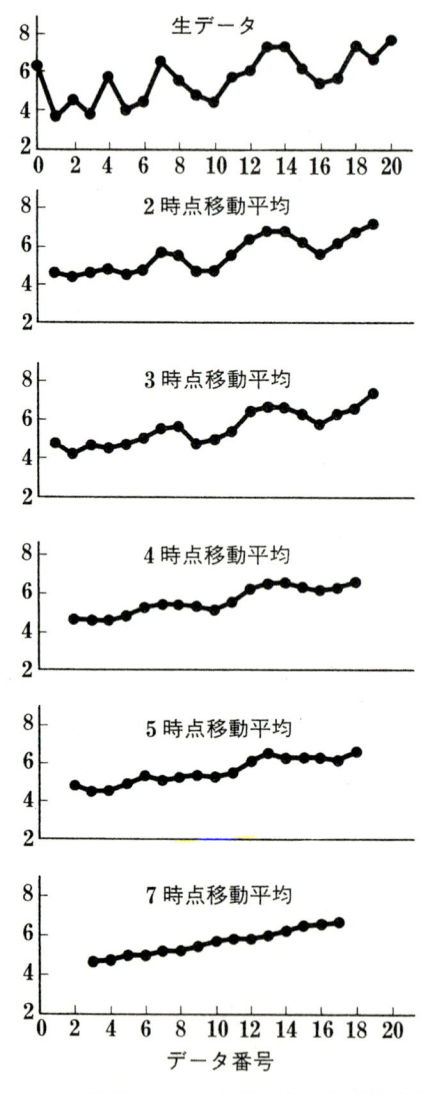

図 2.3 移動平均データ数をふやしてゆくと

す．データの基本値に対して誤差がかなり大きいので，ずいぶんデコボコしています．全体的に右上りの傾向がありそうですが，デコボコが多いので，どのくらい右上りなのか，右上りとしても直線的なのか曲線的なのか自信が持てません．それに，周期的な変動も，ありそうにも見えるし，なさそうにも思えます．そこで，移動平均によってデコボコを潰し，このデータのトレンドを浮き彫りにしてみましょう．

移動平均は，まず，2個ずつのデータを移動平均するところから始めるのが順序というものでしょう．つまり，2時点移動平均を求めるのです．求め方は，前節の図2.2や式(2.3)を2時点むきに修整して計算します．私たちのデータの出だしは

  6.2 3.8 4.7 3.9 5.9 ……

でしたから，2番めの「3.8」を中心にした2時点移動平均は

$$\frac{1}{2}\left(\frac{1}{2}\times 6.2+3.8+\frac{1}{2}\times 4.7\right)=4.625 \tag{2.4}$$

となりますし，つぎの「4.7」を中心とした2時点移動平均は

$$\frac{1}{2}\left(\frac{1}{2}\times 3.8+4.7+\frac{1}{2}\times 3.9\right)=4.275 \tag{2.5}$$

となります．計算では3つの時点のデータを使っていますから，2時点移動平均という用語はぴんときませんが，仕方がありません．以下，同じようにして，つぎつぎと平均値を求め，それをグラフに描いてみたのが，図2.3の上から2番めです．生データと較べてみてください．いくらかデコボコが減ってトレンドが見やすくなってきました．その代り，生データのいちばん左の端と右の端のところでは平均値が作れませんから，データの数が2つも減ってしまいま

した．

つぎには，3個ずつのデータを移動平均してみましょう．こんどは，つぎつぎと3個のデータを算術平均していけばいいのですから，迷うところはなにもありません．その結果は図2.3の上から3番めのようになるはずです．2時点移動平均の結果と見較べても印象としてはあまり変わらないように思えます．データの数の減りっぷりも同じです．

つづいて，4時点の移動平均をしてみます．こんどは式(2.3)の場合に相当しますから，移動平均の最初の値は

$$\frac{1}{4}\left(\frac{1}{2}\times 6.2+3.8+4.7+3.9+\frac{1}{2}\times 5.9\right)=4.6125 \quad (2.6)$$

となります．以下，つぎつぎに移動平均し，その結果をグラフに描いたものが図2.3の上から4番めです．2時点や3時点と較べると，ずいぶん平滑化されましたね．その代償としては，データの数が右の端と左の端で2つずつ損をしてしまいましたけど．

さらにつづいて，5個ずつの移動平均を求めてグラフにしたのが，上から5番めです．デコボコさ加減も，データの数の損失も，4時点移動平均とほとんど変わらないようです．

こうしてみると，誤差によって生じているデコボコを減らす効果とデータの損失の両面からみて，2時点と3時点の移動平均がほぼ同等，4時点と5時点がほぼ同等と言っていいでしょう．それもそのはず，2時点といっても実際には3時点のデータを使っているし，4時点移動平均は5時点のデータを使っているのですから……．

もうひとつおまけに，6時点移動平均へと進んでみようと思った

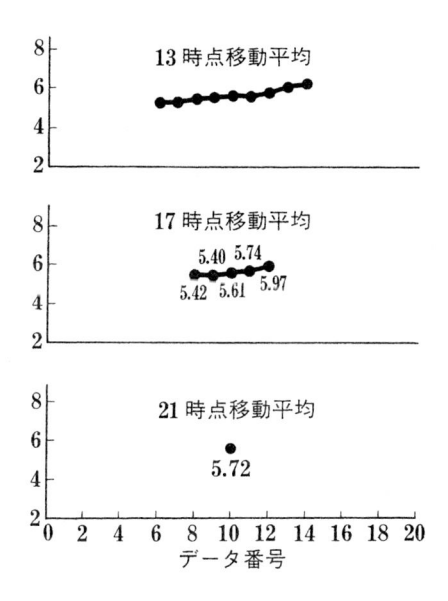

2. トレンドを解析するために　　　39

図2.4 移動平均のデータを，もっとふやすと

のですが，これは計算がめんどうなくせに効果は7時点移動平均と同等であることが予想されます．そこで，6時点をとばして7時点移動平均のグラフを描いてみました．それが図2.3の最下段のグラフです．まだ多少はギクシャクしているとはいうものの，直線的な右上りの傾向がはっきりと読みとれるではありませんか．移動平均の効果が歴然としてきました．

では，もっともっと移動平均する個数をふやしたら，どうでしょうか．個数をぐんとふやして13個にしたものが図2.4の上段のグラフです．直線的な右上りの傾向が読みとれることはもちろんですが，グラフがずいぶん短くなってしまいました．

悪のりして移動平均の個数を17個にしてみたのが，中段のグラフです．こんどは，左と右の両側で8個ずつのデータが失われるので，残りは僅か5個のデータです．グラフに打点されるデータがこれほど少なくなると，めのこで直線を当てはめるとしても，直線の傾きが不正確になってしまうではありませんか．

最後に，ばかばかしいのを承知で21時点の移動平均を求めてみたのが，図2.4の下段です．もう，なにをか言わんやです．直線的な増加もなにも，さっぱり読みとれなくなってしまいました．だいいち，もともと21個しかデータがないのですから，21個ずつの平均を求めながら移動できるはずもなく，この場合，移動平均ではなく単なる平均にすぎません．

なん時点の移動平均を選べばいいか

前節で，移動平均するデータの個数を2，3，4，5，7とふやすにつれて，誤差によって生じているデコボコが目に見えて減少していくことが実感できました．そこで，移動平均されるデータの個数と誤差の影響の減少の間にどのような関係があるかを，少し理屈っぽくなりますが，調べていくことにしましょう．

まず，生データのひとつひとつに含まれる誤差は，平均値がゼロで，バラツキの大きさを示す標準偏差がσ（シグマと読みます）の正規分布から，それぞれ偶然に取り出された値とみなします．これは，34〜35ページでも触れたように，古くから普遍的に認められている考え方です．

いま，それぞれ別個に2つの誤差を取り出して，その2つを合計

したとします.取り出された2つの誤差はプラスの値であったりマイナスの値であったりしますから,それらを合計すると,プラスどうしが加算されて大きなプラスの値になったり,マイナスどうしが加算されて大きなマイナスの値になったりすることもありますが,それよりはプラスとマイナスが相殺し合ってゼロに近い値になることのほうが多く起こります.その結果,2つの誤差の合計も平均値がゼロの正規分布をするのですが,この正規分布の標準偏差は σ の2倍とはならずに,σ の $\sqrt{2}$ 倍の大きさになることが知られています.つまり,2つの誤差の合計は

$$\left.\begin{array}{ll}\text{平均値} & 0 \\ \text{標準偏差} & \sqrt{2}\,\sigma\end{array}\right\} \quad (2.7)$$

の正規分布に従うのです.そして,2つの誤差の平均は2つの誤差の合計を2で割ったものですから,2つの誤差の平均は式(2.7)の1/2となり

$$\left.\begin{array}{ll}\text{平均値} & 0 \\ \text{標準偏差} & \dfrac{\sqrt{2}}{2}\sigma=\dfrac{1}{\sqrt{2}}\sigma\end{array}\right\} \quad (2.8)$$

の正規分布をするはずです.このように,それぞれ別個に取り出された2つの誤差があるとき,その2つの誤差を平均した値はバラツキの大きさが $1/\sqrt{2}$ に減少する性質があります(図2.5).

以下,この性質をつぎつぎに積み重ねていくと,いくつかの誤差を平均した値のバラツキを示す標準偏差は

  3個の誤差を平均すると $1/\sqrt{3}$ に

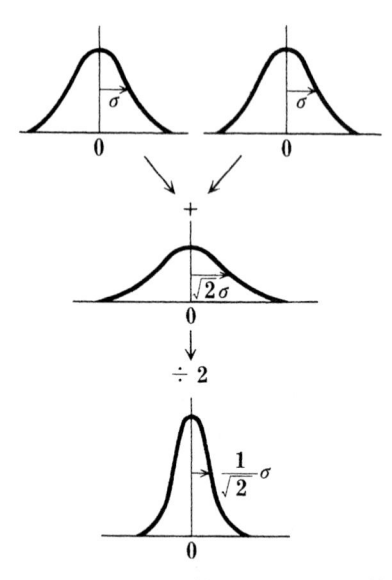

図2.5 2つの誤差を平均すると誤差の大きさは$1/\sqrt{2}$に減る

4個の誤差を平均すると
$$1/\sqrt{4} に$$
と減ってゆき

n個の誤差を平均すると
$$1/\sqrt{n} \qquad (2.9)$$
に減少します.*

さて,この性質を移動平均法に適用してみましょう.まず,奇数時点の移動平均です.こちらは,まったく問題ありません.3時点移動平均なら3個のデータを平均するのですが,そのとき,これらに含まれている3個の誤差も平均されてしまいますから,誤差の標準偏差は$1/\sqrt{3}$に縮小されます.つまり,誤差による生データのデコボコが$1/\sqrt{3}$に減ってしまいます.

同じように,5時点移動平均ではデコボコが$1/\sqrt{5}$に,7時点

---

* 一般に,2つの正規分布
$$N(\mu_1, \sigma_1^2) \quad と \quad N(\mu_2, \sigma_2^2)$$
から1つずつの値を取り出すと,その和および差は
$$N(\mu_1 \pm \mu_2, \sigma_1^2 + \sigma_2^2)$$
の正規分布をすることが知られていて,この性質を正規分布の加法性と呼んでいます.式(2.8),式(2.9)などは,この性質から導かれます.詳しくは『統計のはなし(改訂版)』,78〜81ページおよび97〜104ページをご覧ください.

移動平均では $1/\sqrt{7}$ に……と誤差の影響が減少していきます．すなわち，n が奇数なら

  n 時点移動平均では　　誤差は $1/\sqrt{n}$　　　(2.10)

に減少し，生データのグラフは滑らかになっていきます．

　これに対して，偶数時点の移動平均のほうは，やっかいです．なにしろ，4時点移動平均とはいうものの，実は5個のデータを使い，両端のデータは重みを半分にしたうえで平均しようというのですから，誤差の影響の減りっぷりは $1/\sqrt{4}$ でもないし，$1/\sqrt{5}$ でもありません．では，どうなるのでしょうか．運算の細部は253ページの付録(1)にゆずって，結論だけを書きますと，n が偶数なら

  n 時点移動平均では　　誤差は $\dfrac{1}{n}\sqrt{n-\dfrac{1}{2}}$　　(2.11)

に減少します．なお，偶数時点での移動平均をするとき，31ページで命名した中央打点法によるなら，誤差の減少は $1/\sqrt{n}$ となることは言うに及びません．

　それでは，式(2.10)と式(2.11)によって，誤差の減りっぷりを計算し，一覧表にしてみましょう．表2.2が，それです．n が偶数のところには参考のために $1/\sqrt{n}$ の値を( )付きで書いておきました．それを見ると，たとえば4時点移動平均による誤差縮小の効果は，$1/\sqrt{4}$ よりは5時点移動平均のほうに近いことがわかります．

　さて，現実の時系列データを移動平均によってスムージングするとき，いったい，なん時点の平均をとるのが望ましいのでしょうか．これに答えるには，つぎの3つの観点から考察する必要があり

表 2.2 n 時点移動平均による誤差の縮小

n	誤差の大きさ	$(1/\sqrt{n})$
1	1.000	
2	0.612	(0.707)
3	0.577	
4	0.468	(0.500)
5	0.447	
6	0.391	(0.408)
7	0.378	
8	0.342	(0.354)
9	0.333	
10	0.308	(0.316)
11	0.302	

そうです.

(1) スムージングしなければ傾向が読みとれないほど,誤差の影響と思われるデコボコが大きいか.

(2) なん時点くらいの移動平均をとれば,傾向が読みとれるほどにデコボコが減るか.

(3) 移動平均で失われるデータの数が大きすぎないか.

実は,このほかに重要な視点がもうひとつあるのですが,それについては次の節での宿題とすることにして,まず以上の3点について検討してみましょう.

まず,(1)です.そもそもスムージングしなくても傾向がはっきり読みとれるなら,スムージングの必要がないことは言うに及びません.スムージングが必要か否かは,生データをグラフに描いて,グラフと相談するしかないでしょう.生データのグラフが,たとえば,36ページ図2.3の最上段のようであるなら,スムージングの

2. トレンドを解析するために

必要がありそうですし，同図の最下段のようであれば，いまさら，スムージングする必要はないでしょう．

つぎは，(2)と(3)についてです．この章で15ページも費やして移動平均の解説をしてきたのは，この(2)と，つぎの(3)に答えるためでした．移動平均する時点の数が大きいほど誤差が縮小されることは前ページの表2.2のとおりなのですが，誤差縮小の効果，つまり，スムージングの効果を視覚に訴えるために，表2.2の値をグラフにしてみました．

図2.6をごらんください．n が奇数のときと偶数のときとでは移動平均の計算法が異なるためにグラフは多少ぎくしゃくしていますが，全体としては n の増加につれて誤差の影響は指数関数的に減少していきます．この減少の度合いは，n が小さいうちは著しいのですが，n が8，9，10，……と増大するにつれて見栄えが落ちてきます．これ以上，n を大きくしても誤差縮小の効果は，たかがしれているでしょう．

いっぽう，移動平均によって失われるデータの数は

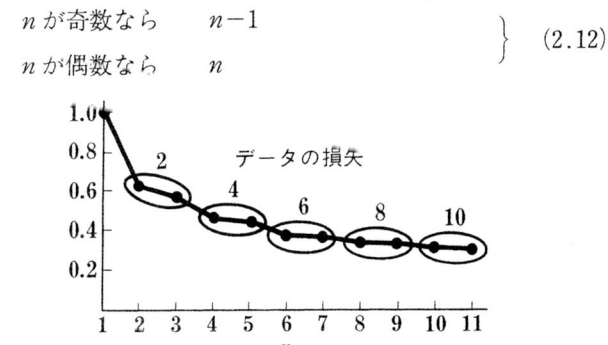

$$\left. \begin{array}{ll} n \text{ が奇数なら} & n-1 \\ n \text{ が偶数なら} & n \end{array} \right\} \quad (2.12)$$

図2.6 誤差は減るけれど，データが損をする

です.生データの数が非常に大きいときには,データが少しくらい失われても困りませんが,生データの数があまり多くないときにはデータの損失はこたえます.39ページ図2.4の最下段のようになってしまっては,元も子もありません.いずれにしても,データの損失は少ないにこしたことはないのです.そこで,図2.6には損失するデータの個数も記入しておきました.なん時点について移動平均するのが望ましいかは,誤差縮小の効果と失われるデータの個数とのかね合いで決まることが少なくないからです.

ごめんどうでも,もういちど図2.6を見ていただけますか.まず,n が奇数のときと偶数のときを較べてみてください.失われるデータの数が同じなら,誤差縮小の効果は常に奇数のほうが勝っています.おまけに,偶数の移動平均は奇数のときより計算がやっかいであったことを思い出してください.どうやら,特殊な事情がない限り,奇数時点での移動平均を選ぶほうがいいようです.

以上のことを総合すると,生データに含まれている誤差がかなり大きいような場合には,5時点,7時点くらいの移動平均を選び,もともと生データに含まれている誤差が小さいときには,3時点か5時点の移動平均を選べばいいとの結論になりそうです.

移動平均が本質的な値を狂わすこともある

移動平均によって誤差の影響がどのくらい軽減されるかを検討した前節までの思考過程では,いかにも,誤差を含んだ生データから誤差だけを分離して平均できるかのように取り扱ってきました.しかし,現実には,生データのうちどれだけが誤差であるかを知る術

2. トレンドを解析するために

はないのですから，誤差だけを分離して平均できるはずがなく，誤差を含んだ生データをまるごと平均するほかありません．それにもかかわらず前節までの思考過程に違和感がなかったのは，つぎの理由によります．

前節で私たちが使った題材は，35ページの表2.1のように，直線的に増加する基本値にランダムな誤差が加算されたものでした．一般に，ある時点の生データの値を

$$y+(\varepsilon) \tag{2.13}$$

としてみましょう．ここで，y は生データから誤差を取り除いた値，つまり基本値に相当する値であり，これが本質的な傾向に沿った本来の値です．また，ε（イプシロンと読みます）は誤差の1つです．この ε に（ ）を付けてあるのは，ε は正規分布に従いながら変動する値であり，ふつうの値のように加減乗除ができないからです．(ε) は，ふつうの加減乗除はできませんが，正規分布に従う値ですから，41ページの考え方がそのまま利用できて

$$(\varepsilon)+(\varepsilon)=\sqrt{2}\,(\varepsilon) \tag{2.14}$$

$$(\varepsilon)+(\varepsilon)+(\varepsilon)=\sqrt{3}\,(\varepsilon) \tag{2.15}$$

などが成立します．

さて，直線的に変化する時系列の本来の値にランダムな誤差が加算されているなら，連続した3つの時点の生データの値は

$$\left.\begin{array}{l} y-d+(\varepsilon) \\ y+(\varepsilon) \\ y+d+(\varepsilon) \end{array}\right\} \tag{2.16}$$

となっているはずです．したがって，この位置での3時点移動平均を求めると

$$\frac{1}{3}\{y-d+y+y+d+(\varepsilon)+(\varepsilon)+(\varepsilon)\}$$

$$=\frac{1}{3}\{3y+\sqrt{3}\,(\varepsilon)\}=y+\frac{1}{\sqrt{3}}(\varepsilon) \qquad (2.17)$$

となります．つまり，ある時点の本来の値は3時点移動平均によっても変化せず，ただ，誤差だけが$1/\sqrt{3}$に減少することを意味します．

同じように，5時点の移動平均をしても，本来的な部分は変わらずに誤差の部分だけが$1/\sqrt{5}$に減少するわけです．以下，時点数がいくらふえても同様です．こういうわけで，私たちは本来的な部分から切り離して誤差の縮小のほうだけを論じてきたのでした．

しかしながら，本来の値のほうが直線的にではなく，曲線的に変化しているとしたら，どうでしょうか．たとえば，図2.7の中段のように，本来の傾向がゆるやかにカーブしているような場合です．このようなときには，3時点の値が

$$\left.\begin{array}{l} y-d+(\varepsilon) \\ y\ \ \ \ +(\varepsilon) \\ y+d'+(\varepsilon) \end{array}\right\} \qquad (2.18)$$

で表わされますから，3時点移動平均は

$$\frac{1}{3}\{y-d+y+y+d'+(\varepsilon)+(\varepsilon)+(\varepsilon)\}$$

$$=\frac{1}{3}\{3y-(d-d')+\sqrt{3}\,(\varepsilon)\}$$

$$=y-\frac{d-d'}{3}+\frac{1}{\sqrt{3}}(\varepsilon) \qquad (2.19)$$

2. トレンドを解析するために

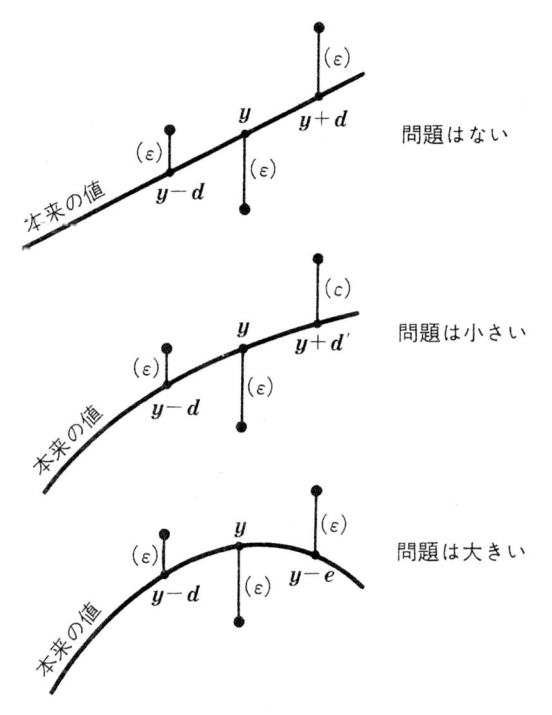

図 2.7 移動平均で本来の値が狂うこともある
(●は生データの値)

となり，誤差が $1/\sqrt{3}$ に縮小されると同時に，本来の値のほうも $(d-d')/3$ だけ狂ってしまいます．私たちが移動平均法を使う目的は，誤差の影響を軽減させることによって本来の値を正しく読みとることにありますから，移動平均によって本来の値が狂ってしまうのは困ったことです．ただし，一般的にいうと，本来の値の変化はあまり急激ではない場合が多く，d と d' の差が小さいのがふつうなので，この狂いが大きな問題になることは少ないのです．

ツノをためて　牛を殺すな
　誤差を削って　本体を歪めるな

　立場を変えてみるなら，移動平均にあたっては，この狂いが大きくならないように配慮する必要があります．移動平均の時点の数がふえればふえるほど本来の値の狂いが大きくなるおそれがありますから，本来の値の変化が直線的であるかどうか疑わしいときには，移動平均の時点数は，あまりふやさないようにしましょう．

　これが，44 ページにおいて宿題として残しておいた 4 つめの観点でありました．そして，前節の最後のところで，誤差によるデコボコがかなり大きい場合でも 5 時点か 7 時点を推奨したのは，この観点に対する配慮もあってのことでした．

　つづいて，図 2.7 の下段を見てください．こんどは本来の値が山なりに変化しており，その山の頂上付近で移動平均を求めているところです．このようなときには，3 時点の値が，d も e も正の値として

2. トレンドを解析するために   51

$$
\left.\begin{array}{l} y-d+(\varepsilon) \\ y+(\varepsilon) \\ y-e+(\varepsilon) \end{array}\right\} \quad (2.20)
$$

で表わされますから，3時点移動平均は

$$
y-\frac{d+e}{3}+\frac{1}{\sqrt{3}}(\varepsilon) \tag{2.21}
$$

となり，本来の値が$(d+e)/3$だけ小さくなってしまいます．こんどはdもeも正の値ですから$(d+e)/3$は必ずしも小さな値とは言えず，この狂いは無視できません．したがって，この種の狂いについてはよく調べておく必要があります．

このような問題は，図のような山頂でも起こりますが，谷底でも起こります．そして，山頂や谷底が繰り返し現われるのは，本来の値が周期的に変動している場合です．したがって，周期変動がある時系列データを移動平均するときには特段の注意が必要です．そちらへと話をすすめて参りましょう．

移動平均は周期変動を消去することもある

周期的に変動する時系列データの山頂や谷底付近で，なん時点かの値を平均すると，思いがけないことが起こります．図2.8を見てください．これは横軸の8時点を1周期として周期変動する現象について，各時点ごとに時系列データが記録されている場合を図示したものです．

この時系列データについての3時点移動平均を求めていたところ，ちょうど中心の時点が山頂のところに合致したと思ってくださ

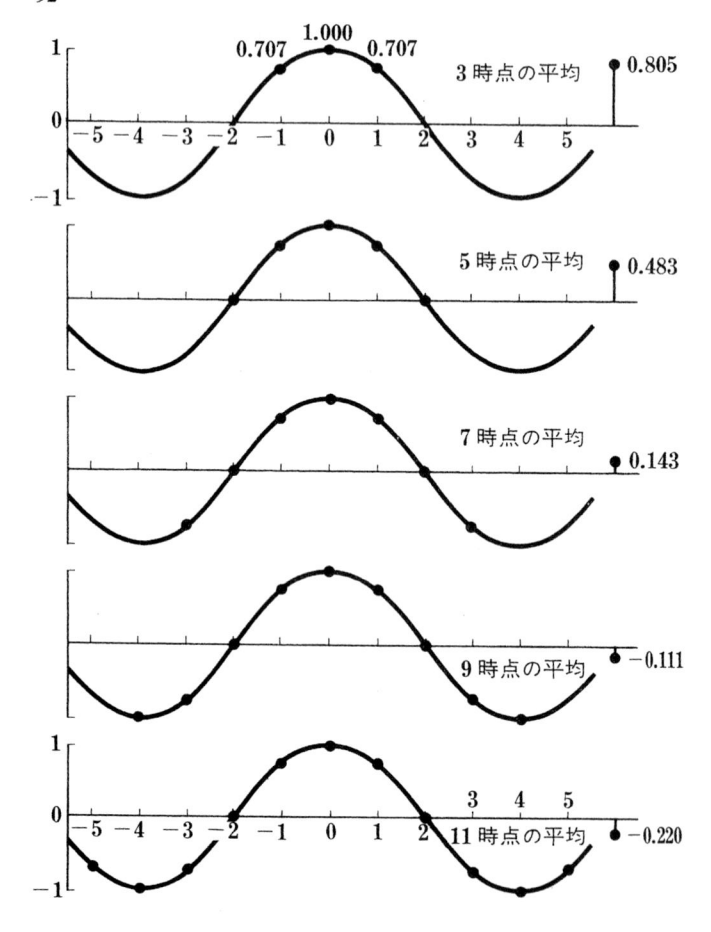

図 2.8　移動平均で山が谷に変わることもある

い．そうすると，平均される 3 つの値は，図 2.8 の最上段のように

   0.707, 1.000, 0.707*

ですから，この位置における 3 時点移動平均の値は

$$(0.707+1.000+0.707)/3 \fallingdotseq 0.805 \tag{2.22}$$

です.つまり,3時点移動平均によって周期変動の振幅が1から0.805へと縮小されてしまうわけです.中心の値は山頂にあるのですが,左右の値はそれより低いところにあるのですから,当然といえば当然のことです.

山の高さが潰れていく傾向は,移動平均の時点の数がふえるほど顕著になっていきます.図2.8の上から2番めは,山頂を中心に5時点の平均をとったところですが,山の高さは0.483に減ってしまいました.つづいて7時点の平均をとると山の高さが0.143に減るのですから,7時点移動平均のグラフを描くと山はぺちゃんこに潰れてしまうにちがいありません.

さらに,山の頂を中心に9時点の平均をとると,なんと,マイナスの値が現われました.山は潰れるどころか谷に変身してしまうのです.ついでに,11時点の平均を求めると図2.8の最下段のように-0.22となり,谷はますます深くなっていくではありませんか.

このように,本来的に周期変動をしている時系列データを移動平均によってスムージングすると,振幅が縮小されるばかりか,山と谷が逆転することさえあるのですから,スムージングの際じゅうぶんに気をつけなければなりません.もちろん,この性質を逆手にとって,時系列データの中から周期変動の部分を消去することもで

---

* 山頂から1時点ずれたところの値は,図2.8の曲線が正弦曲線であるとすれば

$$\sin\frac{2\pi}{8} \fallingdotseq 0.707$$

です.

きますから，便利な性質でもあります．この点については68ペ
ージあたりで再度，ご紹介するつもりです．

　さて，移動平均をとると振幅は縮小するのですが，縮小の割合に
ついては，もう少し詳しく調べておかなければなりません．第1章
の20ページあたりでやったように，スムージングしたうえで周期
変動を解析するときには，縮小してしまったぶんを元に戻してやる
必要があるからです．

　すみませんが，もういちど図2.8の最上段を見ていただけますか．これは，8目盛を1周期として周期変動しているとき，ちょうど山頂にある時点を中心にして3時点の移動平均を求めると，その値は振幅の，言い換えれば山の高さの0.805倍になることを説明していたのでした．

　中心の時点がぴったり山頂にあれば，そのとおりなのですが，一般の時系列データでは山頂ぴったりのところにデータがある保証はありません．それよりは，図2.9の中段のように，データの位置が山頂からずれているほうがふつうでしょう．そうすると，周期変動を解析するに当たって，スムージングによって縮んでしまった振幅を元に割り戻すための値としては，0.805は適当ではありません．

　そこで，つぎのように考えます．山頂にいちばん近いデータの位置は，山頂を挟んで半目盛ずつの区間に均一な確率で存在するとみなします．注目しているデータの時点がこの区間から外れれば，他の時点がこの区間に入ってきますから，この区間だけを考えればじゅうぶんなはずです．そこで，その区間について移動平均による縮小率の平均値を求め，この値を移動平均による縮小率として振幅の割戻しなどに使うことにしましょう．これなら，公平というもの

2. トレンドを解析するために　　　　55

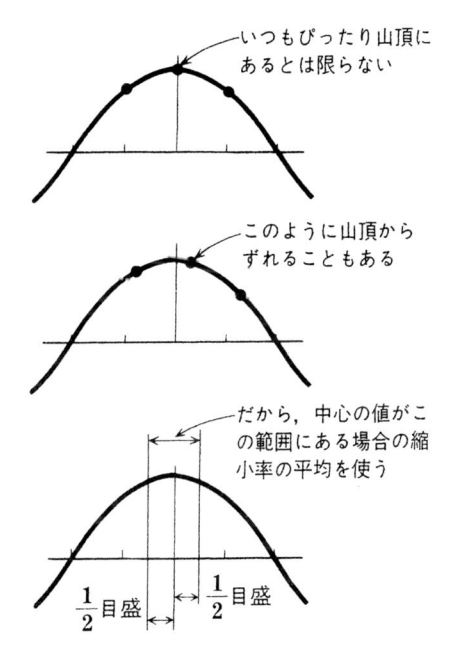

図2.9　移動平均による縮小率を求める

です．

　では，このような縮小率を求めていきます．一例として，図2.8の最上段と同じく，8時点を1周期とする正弦曲線の周期変動に3時点移動平均を適用した場合の，振幅の縮小率を求めてみます．1時点は $\pi/4$ に相当しますから，図2.10のように，中央のデータが

$$-\pi/8 \sim \pi/8 \tag{2.23}$$

に確率的に均一に存在するとして，この区間についての縮小率の平均を計算することになります．

　まず，中心のデータが山頂から θ だけずれていると考えてくだ

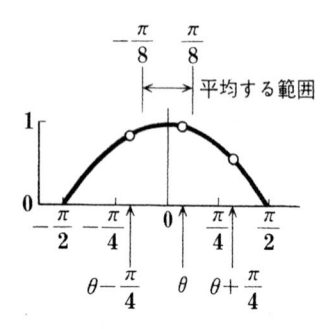

図 2.10　8目盛が1周期の周期変動を
3時点移動平均するとき

さい．そうすると，3時点のデータの値は

$$\cos\left(\theta-\frac{\pi}{4}\right), \quad \cos\theta, \quad \cos\left(\theta+\frac{\pi}{4}\right)$$

ですから，移動平均の値は

$$\frac{1}{3}\left\{\cos\left(\theta-\frac{\pi}{4}\right)+\cos\theta+\cos\left(\theta+\frac{\pi}{4}\right)\right\} \qquad (2.24)$$

となります．この値を，$-\pi/8 \sim \pi/8$の区間について平均するには

$$\frac{1}{\frac{\pi}{8}\times 2}\int_{-\frac{\pi}{8}}^{\frac{\pi}{8}}\frac{1}{3}\left\{\cos\left(\theta-\frac{\pi}{4}\right)+\cos\theta+\cos\left(\theta+\frac{\pi}{4}\right)\right\}d\theta$$

$$=\frac{4}{3\pi}\int_{-\frac{\pi}{8}}^{\frac{\pi}{8}}\left\{\cos\left(\theta-\frac{\pi}{4}\right)+\cos\theta+\cos\left(\theta+\frac{\pi}{4}\right)\right\}d\theta$$

$$(2.25)$$

を計算しなければなりません.* 別に,むずかしい計算ではありませんが,くだくだと長い計算がつづくばかりで,おもしろくもなんともないし,積分の計算演習がこの本の目的ではありませんから,運算の過程は巻末256ページの付録(2)にゆずって,ここでは計算結果へとびましょう.

$$= \frac{8}{3\pi} \sin \frac{3}{8}\pi \qquad (2.26)$$

となります.数値を代入してみると

$$\fallingdotseq 0.784 \qquad (2.27)$$

が得られます.52ページの図2.8の最上段では,0.805となっていましたが,中心のデータの時点が周期変動の山頂と一致しているという保証がない以上,0.805ではなく,0.784を縮小率とするほうが妥当でしょう.

いまは,1周期が8時点の周期変動に3時点移動平均を施すときの縮小率を求めましたが,では,1周期が N 時点の周期変動に n 時点移動平均を施すときの縮小率は,いくらでしょうか.ここでも計算過程は付録(2)にゆずって,結果だけをご紹介します.n が奇数のときには,振幅の縮小率はつぎのようになります.

$$\text{振幅の縮小率} = \frac{N}{n\pi} \sin \frac{n}{N}\pi \qquad (2.28)$$

思ったより,こざっぱりした式で表わされるではありませんか.なお,n が偶数のときには両端のデータは1/2にしてから加えるという計算をするために,一般式はもう少し複雑になり

---

* 式(2.25)で平均が求められる理由については,『微積分のはなし(下)(改訂版)』,58ページを参照していただきたいと存じます.

$$\text{振幅の縮小率} = \frac{N}{2n\pi}\left\{\sin\frac{n+1}{N}\pi + \sin\frac{n-1}{N}\pi\right\} \quad (2.29)$$

で表わされます．ただし，N と n にいろいろな値を入れて計算してみると，式(2.28)と式(2.29)では実用上，大きな問題となるほどの差は生じません．

前の章で，生ビールの売上げを例題にしてトレンド解析をしたことがありました．そのとき，12カ月を周期とする周期変動を含む生データを5時点移動平均によってスムージングし，その結果から読みとった振幅を1.36倍して元に戻したのでした(20ページ)．この1.36は

$$\text{振幅の縮小率} = \frac{12}{5\pi}\sin\frac{5}{12}\pi \fallingdotseq 0.738 \quad (2.30)$$

の逆数であったわけです．

移動平均による振幅の縮小にずいぶんこだわってしまいましたが，ついでですから，式(2.28)をグラフにしてみたところ，図2.11のようになりました．このグラフを見ると，いろいろなことに気がつきます．

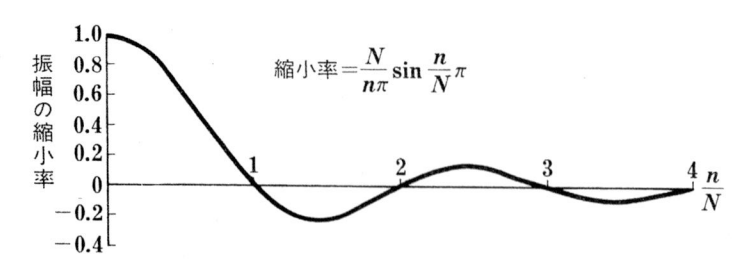

図2.11 移動平均で山が潰れたり谷になったり

1周期の時点数 N に対して移動平均する時点の数 n が小さいうちは、縮小率は正の値ですから、山の高さは低くなるものの、周期変動の山は山、谷は谷として痕跡を留めます。ところが、n/N が1になると、すなわち、1周期ぶんの時点について平均すると、山の高さも谷の深さもゼロになって周期変動は完全に消滅してしまいます。

さらに、n/N を大きくしていくと、52ページの図2.8でも見たように、周期変動の山は谷に、谷は山に変身し、n/N がちょうど2になったときに、再び周期変動が消滅……。以下、n/N を大きくするにつれて、周期変動は山と谷の逆転を繰り返しながら、振幅は限りなくゼロに近づいていくのです。

これらの性質のうち、もっとも利用価値があるのは、n/N がちょうど整数になると周期変動が消滅してしまうことです。この性質を利用すれば、ある周期変動を消すことによって他の変動をクローズアップすることができます。節を改めて、その一例をお目にかけましょう。

相関を手掛かりに周期を見破る

この節の題材は、表2.3の時系列データです。等間隔に並んだ31個の時点ごとにデータが記録されています。第1章の例題でも31個のデータを使いましたが、別段、私が31という数を好きなわけではありません。31個のデータを使うと30の区間ができるし、この本の中に納まるようなグラフも描きやすいからです。

それに、私たちが現実の時系列データを解析するときにも

表2.3 この節で使う時系列データ

時点	データ	時点	データ	時点	データ
⓪	87	⑪	39	㉒	84
①	65	⑫	49	㉓	96
②	39	⑬	69	㉔	91
③	20	⑭	80	㉕	68
④	19	⑮	86	㉖	43
⑤	35	⑯	62	㉗	19
⑥	50	⑰	33	㉘	19
⑦	60	⑱	4	㉙	31
⑧	66	⑲	0	㉚	52
⑨	51	⑳	19		
⑩	39	㉑	50		

30～40個くらいのデータを対象にすることが多いようです．少なすぎるデータでは，解析できたとしても，あまり信頼できる結論とは思えないし，また，古すぎるデータを含んでいるようでは，昔と現在や将来の環境が異なるために全部のデータを同等に扱うことに無理があります．だから，ほぼ等しい条件下でのデータが揃い，かつ，一応の解析もできるデータの数としては30～40個くらいが適当なのでしょう．

　話を元に戻します．表2.3のデータのトレンド解析にかかりましょう．まず，データをグラフに描いて観察してみてください．図2.12のように，はげしく起伏していますが，起伏の大きさはまちまちです．7～8時点くらいを周期とした周期変動もありそうなのですが，単純な周期変動にしては振幅にむらがありすぎます．ひょっとすると，いくつかの周期変動が同居しているために，あるところでは山と谷が打ち消し合い，別のところでは山と山，谷と谷

2. トレンドを解析するために

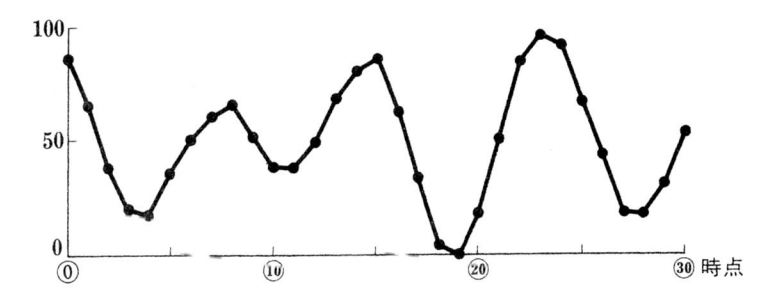

図 2.12　いくつかの周期変動が潜んでいるかも

が加勢し合って起伏にむらを生じているのかもしれません．そこで，このデータにはどのような周期の周期変動が潜んでいるのかを調べていくことにしましょう．

データに潜んでいる周期変動の周期を見破るための絶妙の方法があります．まず，図 2.13 をごらんください．A のように，N を 1 周期とする変動があるとしましょう．この変動を少しだけ横にずらすと B のようになります．A と B とを見較べてみると，A が増加しているところで B は増加していたり減少していたり，つまり，B と A の動きは，ほとんど無関係です．

つぎに，元の変動 A を周期の 1/2 だけ横にずらしたものが C ですが，A と C とは完全に反対の動きをします．A が増えているところでは C は減少し，A が減少しているところでは C が増大しているのです．

最後に，元の変動をちょうど 1 周期ぶんだけずらした D を見てください．A と D の動きは完全に同じです．さらに，ちょうど 2 周期ぶん，3 周期ぶん，……だけずらした場合にも，元の変動と同

A　N を周期とする元の変動

B　少しずらすと元と無関係の変動をする

C　$N/2$ ずらすと正反対の変動をする

D　N ずらすと元と同じ変動をする

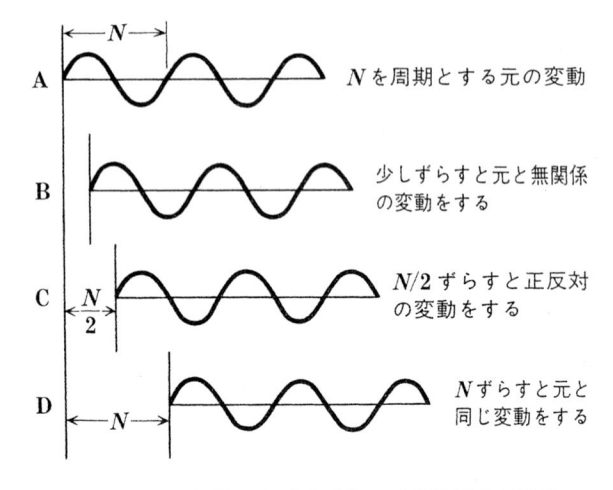

図 2.13　1 周期ぶんずらすと一致度が最大になる

じ変動が現われることも，いうまでもないでしょう．

　この性質を逆手にとるなら，変動する時系列データを少しずつずらしながら，元のデータとずらしたデータが同じような変動をする個所を見付けることによって，周期の大きさを知ることができる理屈が成り立ちます．もちろん，実際のデータは誤差変動や他の周期変動などが加算されているので，図 2.13 のようにきれいな正弦曲線をしてはいませんから，元のデータとずらしたデータが完全に同じ動きをすることは期待できません．「いっしょに増減する傾向」がもっとも強くなるような箇所を見付けてがまんするようになります．

　では，「いっしょに増減する傾向」が強いか弱いかを，どのように判定したらいいのでしょうか．それには，ぴったりの尺度があります．それは，**相関係数**です．**相関*** は「いっしょに増減する傾向」

を意味する言葉であり，その傾向の強さを示すのが相関係数です．
相関係数は-1から1までの値で表わされ，たとえば

$$\left.\begin{array}{l} x \text{グループ} \quad 1, 2, 3, 4, 5 \\ y \text{グループ} \quad 1, 2, 3, 4, 5 \end{array}\right\} \quad (2.31)$$

なら，xグループとyグループの増減の傾向は完全に一致しています．このとき，相関係数は1，

$$\left.\begin{array}{l} x \text{グループ} \quad 1, 2, 3, 4, 5 \\ y \text{グループ} \quad 5, 4, 3, 2, 1 \end{array}\right\} \quad (2.32)$$

では，増減の傾向は完全に反対です．このようなとき，相関係数は-1，また

$$\left.\begin{array}{l} x \text{グループ} \quad 1, 2, 3, 4, 5 \\ y \text{グループ} \quad 4, 1, 3, 5, 2 \end{array}\right\} \quad (2.33)$$

であれば，両者の増減は無関係であって，相関係数はゼロ，と表わされます．

このような相関係数は，xグループの値をx_iとし，それに対応するyグループの値をy_iとして

$$r = \frac{\sum(x_i - \bar{x})(y_i - \bar{y})}{\sqrt{\sum(x_i - \bar{x})^2 \cdot \sum(y_i - \bar{y})^2}} \quad (2.34)$$

という，いかつい式で計算されます．あとで具体例が出てきますから，ここでは例題などは省略し，ひたすら前進します．ちょっと長くなってきましたから，節を改めましょうか．

---

* 相関と相関係数については『統計解析のはなし(改訂版)』にも紹介してありますが，『多変量解析のはなし(改訂版)』には，さらに詳しく取り上げてあります．この本の第4章でも利用する重回帰分布を含む多変量解析では，相関を手掛かりにして解析を進めることが多いからです．

コレログラムを作ってみる

私たちは，60ページ表2.3の時系列データをトレンド解析するために，まず，61ページ図2.12のようなグラフに描いてみました．そして，この図を観察すると，7～8時点くらいを周期とした変動がありそうなのですが，それ以外にも別の周期の変動が潜んでいそうな気配があります．そこで，時系列データを少しずつずらしながら元の時系列データとの相関を調べ，相関の強さが最大になるような位置までのずれの大きさによって，潜んでいる周期変動の周期を見破ろうとしているところでした．

では，作業開始です．まず，1時点ずれの相関係数を計算します．すなわち，私たちの時系列データを

$$\left. \begin{array}{l} 87 \quad 65 \quad 39 \quad 20 \quad \cdots\cdots \quad 19 \quad 31 \quad 52 \\ 87 \quad 65 \quad 39 \quad \cdots\cdots \quad 19 \quad 19 \quad 31 \quad 52 \end{array} \right\} \quad (2.35)$$

というように1時点だけおくらせて並べ，データがペアになっている部分について式(2.33)によって相関係数 r を計算してください．すなわち

$$\left. \begin{array}{ll} x_i\text{グループ} & 65 \quad 39 \quad 20 \quad \cdots\cdots \quad 19 \quad 31 \quad 52 \\ y_i\text{グループ} & 87 \quad 65 \quad 39 \quad \cdots\cdots \quad 19 \quad 19 \quad 31 \end{array} \right\} \quad (2.36)$$

とみなして式(2.33)に代入していただくのです．もちろん，$\bar{x}$ は x_i の平均値，$\bar{y}$ は y_i の平均値です．計算には，いささか手数がかかります．一例として，16時点おくれの計算過程を表2.4にしておきましたので，参照してください．

ともあれ，めげずにしこしこと計算すると，1時点おくれの相関係数 r_1 は

2. トレンドを解析するために   **65**

表2.4 16時点おくれの相関係数を計算する

時点	x_i データ	$x_i-\bar{x}$ 平均を引く	$(x_i-\bar{x})^2$ 2乗する	時点	y_i データ	$y_i-\bar{y}$ 平均を引く	$(y_i-\bar{y})^2$ 2乗する	$(x_i-\bar{x})$ $\times(y_i-\bar{y})$
⑯	62	17.3	299	⓪	87	35.8	1282	619
⑰	33	−11.7	137	①	65	13.8	190	161
⑱	4	−40.7	1656	②	39	−12.2	149	497
⑲	0	−44.7	1998	③	20	−31.2	973	1395
⑳	19	−25.7	660	④	19	−32.2	1037	828
㉑	50	5.3	28	⑤	35	−16.2	262	−86
㉒	84	39.3	1544	⑥	50	−1.2	1	−47
㉓	96	51.3	2632	⑦	60	8.8	77	451
㉔	91	46.3	2144	⑧	66	14.8	219	685
㉕	68	23.3	543	⑨	51	−0.2	0	−5
㉖	43	−1.7	3	⑩	39	−12.2	149	21
㉗	19	−25.7	660	⑪	39	−12.2	149	314
㉘	19	−25.7	660	⑫	49	−2.2	5	57
㉙	31	−13.7	188	⑬	69	17.8	317	−244
㉚	52	7.3	53	⑭	80	28.8	829	210
計	671		13205		768		5639	4535
平均	44.7				51.2			

$$r=\frac{4535}{\sqrt{13205\times 5639}}\fallingdotseq 0.525$$

$$r_1\fallingdotseq 0.74 \tag{2.37}$$

となるはずです．なお，この相関係数は，同じ時系列データ内の異なった部分どうしについての相関係数なので，**自己相関係数**とも呼ばれます．

つぎに，2時点おくれの自己相関係数 r_2 を

$$\left.\begin{array}{l}87\ \ 65\ \ 39\ \ 20\ \cdots\cdots\ 19\ \ 31\ \ 52\\ 87\ \ 65\ \cdots\cdots\ 43\ \ 19\ \ 19\ \ 31\ \ 52\end{array}\right\} \tag{2.38}$$

の共通部分について求めます．計算は手数がかかりますが，だれが

やっても

$$r_2 \fallingdotseq 0.13 \tag{2.39}$$

となるはずです．つづいて

$$\left. \begin{array}{l} r_3 \fallingdotseq -0.49 \\ r_4 \fallingdotseq -0.78 \\ \cdots\cdots \end{array} \right\} \tag{2.40}$$

と計算をつづけていきます．おくれの時点数が大きくなるにつれて，共通部分はどんどん減って，27時点おくれでは共通部分が4ペアしか残りません．さらに少ないペアから計算した相関係数など，信頼する気になれませんから，27時点のところで計算を打ち切りました．

こうして求めた r_1 から r_{27} までを図示したのが図2.14です．このような図は，**コレログラム**と呼ばれています．

さあ，コレログラムを観察してみましょう．自己相関係数が高くなっている位置の「時点のおくれ」の値を周期とする変動周期が，私たちの生データに潜んでいるはずなのでした．

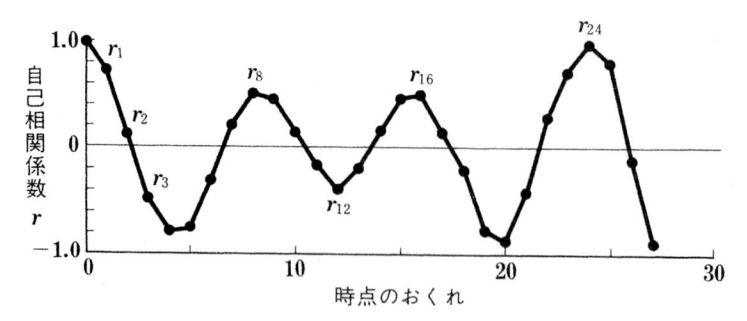

図2.14 このような図をコレログラムといいます

2. トレンドを解析するために

まず、時点おくれがゼロのところで r が最高になっていますが、これは、同じ時系列データをぴったりと並べて計算した相関係数ですから、63ページの式(2.31)の場合と同様に 1 となるのが当然であり、とくに意味がありません。つぎに、r_1 も高い値を示していますが、時系列データが連続的に変化している以上、隣どうしの値はいっしょに増減することが多く、相関係数が大きくても不思議はありません。

問題は、r_2, r_3, ……と低下したあと上昇に転じ、最大の高さになった r_8 です。* 時系列データを 8 時点だけずらしてみると、元の時系列と似たような波が現われるというのです。きっと、私たちの時系列データには 8 時点を周期とする周期変動が潜んでいるにちがいありません。また、r_{16} と r_{24} も最大の高さを示しており、16 と 24 がちょうど 8 の 2 倍と 3 倍であることを思えば、この推察には自信が湧きます。

こうして私たちは、件(くだん)の時系列データには 8 時点を周期とする変動が潜んでいることを、自信をもって見破ることができました。しかし、8 時点くらいを周期する変動がありそうなことは、61 ページの図 2.12 を見たときから、おおよそ見当がついていたことであり、私たちの関心は、それ以外の周期変動が潜んでいるのではないか、ということにあったはずです。そこで、つづいて、8 時点以外の周期をもつ変動を探すことにしましょう。

---

* r_8, r_{16}, r_{24} のように山の頂になっている点は、「極大」というのが正しいのでしょうが、ここではふつうの日本語にしたがって、「最大」としました。お許しのほどを……。

ある周期変動を消して，他の周期変動を見つける

8時点以外の周期を探すに当たって，まず思い出していただきたいのは，59ページにあったように，1周期ぶんの時点について移動平均すると，山も谷もなくなって周期変動が完全に消滅してしまうことです．それなら，私たちの時系列データを8時点移動平均してしまいましょう．そうすれば，8時点を周期とする変動が消え去り，それ以外の周期変動がクローズ・アップされるにちがいありません．もちろん，それ以外の周期変動があればの話ですが……．

さっそく，やってみます．60ページの表2.3の時系列データを8時点移動平均によってスムージングし，グラフに描いてみました．図2.15をごらんください．そして，驚いたり感心したりしてください．実に見事な周期変動が現われたではありませんか．この周期変動の周期は12時点です．

ごめんどうでも，61ページの図2.12を，もういちど見ていただけませんか．この図は私たちの時系列データをそのまま図示したものですが，12時点を周期とする変動の気配など，どこにも見当た

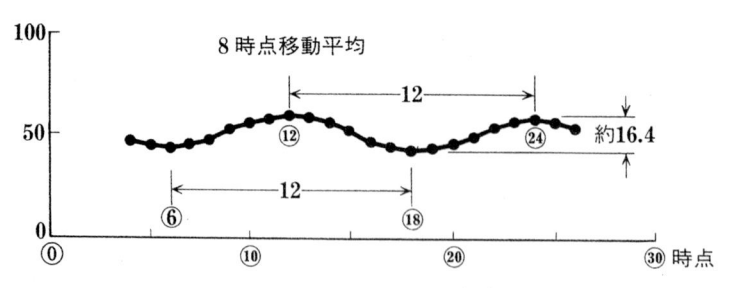

図2.15 潜んでいた12時点の周期変動が現われた

2. トレンドを解析するために

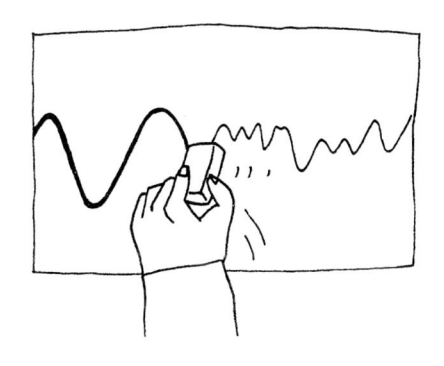

ある波を消すと
別の波が現われることがある

らないではありませんか．それどころか，12時点だけ離れた2つの時点を較べてみると，一方が上昇中なのに他方は下降中であることが多いくらいです．この事実は，図2.14のコレログラムで r_{12} がマイナスの値になっていることとも符合します．それにもかかわらず，実は，12時点を周期とする変動が潜在していたことを私たちは発見したのです．

では，この12時点周期変動の振幅はいくらでしょうか．図2.15からは読み取りにくいかもしれませんが，8時点移動平均を計算したところによると，山頂の値は

  59.6   と   57.6

であり，また，谷底の値は

  42.5   と   42.0

ですから，12時点移動平均の振幅は，

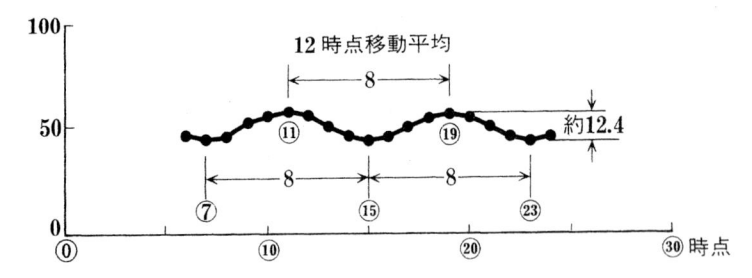

図 2.16 予想どおり，8 時点の周期変動を確定できた

$$\frac{1}{2}\left\{\frac{1}{2}(59.6+57.6)-\frac{1}{2}(42.5+42.0)\right\}\fallingdotseq 8.2 \quad (2.41)$$

と，みなせばいいでしょう．そして，この振幅は，もともとの振幅が

$$\frac{12}{2\times 8\,\pi}\left\{\sin\frac{9}{12}\pi+\sin\frac{7}{12}\pi\right\}\fallingdotseq 0.40 \quad (2.29)\text{の応用}$$

に縮小されたものですから，時系列データの中に潜んでいた 12 時点を周期とする変動の振幅は

$$8.2/0.40 \fallingdotseq 20 \quad (2.42)$$

であったことが判明しました．

こうして私たちは，コレログラムで確認した 8 時点周期の変動を使って 12 時点周期の変動を見付け，その振幅まで調べ上げてしまいましたが，肝腎の 8 時点周期のほうが放ったらかしになっています．こんどは，12 時点周期のほうを使って 8 時点周期の変動を調べていこうと思います．

というわけで，こんどは私たちの時系列データを 12 時点移動平均をしてみましょう．そうすれば，12 時点周期の影響を除去した 8 時点周期の変動が現われようというものです．12 時点移動平均

を求めて，その結果をグラフに描いたのが図2.16です．予想どおり，8時点を周期とする変動のきれいな曲線が現われました．

12時点移動平均の計算結果によると，山頂の値は

　　　57.1　　と　　56.1

であり，また，谷底の値は

　　　44.5　と　44.2　と　43.8

でしたから，8時点移動平均の振幅は

$$\frac{1}{2}\left\{\frac{1}{2}(57.1+56.1)-\frac{1}{3}(44.5+44.2+43.8)\right\}\fallingdotseq 6.2 \quad (2.43)$$

と，すればいいでしょう．この値は，もともとの振幅が

$$\frac{8}{2\times 12\,\pi}\left\{\sin\frac{13}{8}\pi+\sin\frac{11}{8}\pi\right\}\fallingdotseq -0.20 \quad (2.29)\text{の応用}$$

に縮小されたものですから，時系列データに含まれていた8時点を周期とする変動の振幅は

$$6.2/-0.20=-31 \quad\quad\quad (2.44)$$

であったはずです．振幅がマイナスになってしまったのは，58ページの図に見るとおり，もともとの周期 N より移動平均の時点数 n が大きくなって山と谷が逆転したためですから，振幅の大きさだけに関心があるいまは気にする必要はありません．

これで私たちは，もともとの時系列データには

　　　周期が8時点，振幅が約30

　　　周期が12時点，振幅が約20

という，2つの周期変動が含まれていたことを知りました．この過程で，コレログラムも役に立ったし，移動平均によって周期変動を消滅させる術も役に立ちました．ご同慶のいたりです．

ところで，私たちの時系列データにはこれ以外の周期変動は潜んでいないのでしょうか．もういちど66ページのコレログラムを見てください．r_8のところは8時点周期の変動を解析ずみですから用済みとして，r_{16}が大きいのが気になります．そこで，念のために16時点移動平均を求めてグラフに描いてみると，図2.17のようになりました．

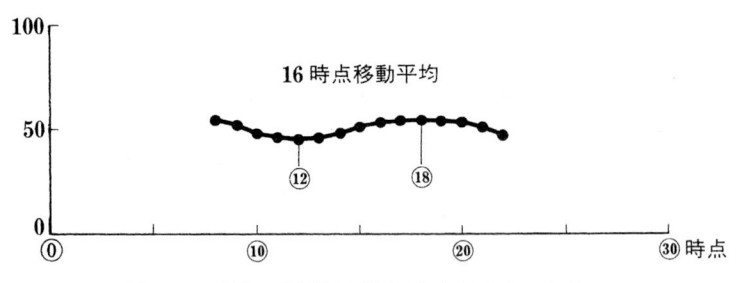

図2.17 新しい周期変動は現われませんでした

なにしろ16時点もの移動平均なので，両側のデータ損失が多く，全容がつかみにくいのですが，図2.15と重ね合わせてみると，これは8時点移動平均によって見付けた12時点周期の変動と同じものであることがわかります．つまり，16時点移動平均によっては新しい周期変動は出現しませんでした．やはり，時系列データに含まれているのは，8時点周期と12時点周期の2種の変動と決まりました．

図2.18を見ていただきましょうか．いちばん上の周期変動は，図2.16で確認された周期変動の振幅を30に戻して書き移したものです．図2.16の山と谷が，ここでは再逆転させてあることにご注

2. トレンドを解析するために　　73

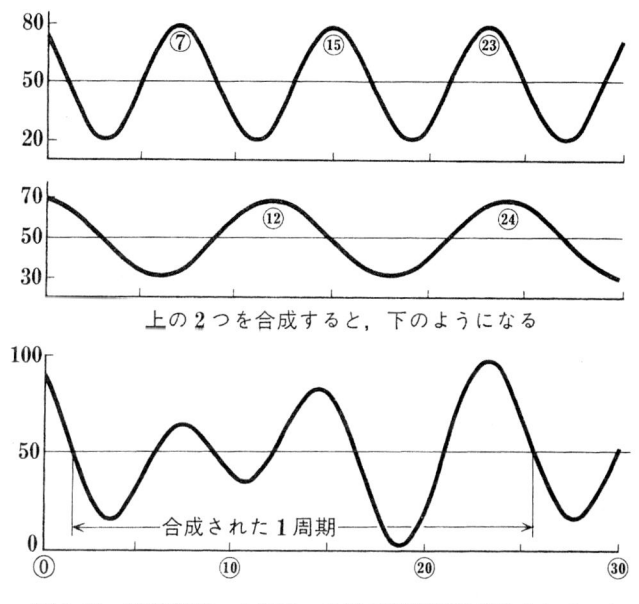

図 2.18　時系列データには，2種の周期変動が含まれていた

意ください．その理由は式(2.43)のマイナス記号です．

　図 2.18 の上から2番めは，図 2.15 で発見された周期変動を，振幅を 20 に戻して書き移したものです．こんどは，山は山のまま，谷は谷のままです．

　50 を中心にして増えたり減ったりしている2つの周期変動を合成すると，すなわち，2つの周期変動の 50 より大きかったり小さかったりする値を加えたり引いたりすると，図 2.18 の下の周期変動が現われます．これに誤差変動が加わったものが私たちの時系列データでした．時系列データを示した 61 ページの図 2.12 と見較べれば，なるほどと合点していただけるにちがいありません．

こうして私たちは，時系列データに含まれていた2つの周期変動を解析することができました．もし，将来の時点における時系列データを予測したければ，図2.18の下段の曲線を24時点をひとかたまりにして，右のほうへ書き移していけばいいでしょう．

ごく簡便なコレログラムもどき

66ページのコレログラムを，もういちど見ていただけますか．コレログラムは，データに潜んでいる周期変動の周期を見つけるために描くのでした．そして，その周期は，コレログラムが高い値を示した位置の横軸目盛「時点のおくれ」によって読みとれるはずでした．それにもかかわらず，私たちの時系列データに潜んでいた

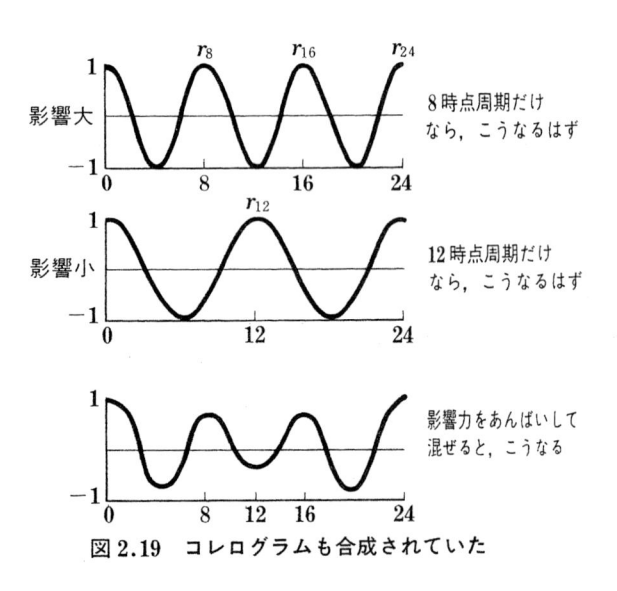

影響大　　8時点周期だけなら，こうなるはず

影響小　　12時点周期だけなら，こうなるはず

影響力をあんばいして混ぜると，こうなる

図2.19　コレログラムも合成されていた

12時点周期を見つけるための r_{12} が低くなっているのは，なぜでしょうか．

その理由は，図2.19のとおりです．もし，時系列データに含まれている周期変動が8時点周期だけなら，コレログラムは上段のようになるはずです．実際には，誤差変動も含まれているため，こんなにきれいな曲線にはなりませんが，だいたいこのような形になるはずです．そして，もし，時系列データに含まれているのが12時点周期の変動だけなら，コレログラムはだいたい中段のような形になるはずです．

現実の時系列データには，8時点と12時点周期の両方が含まれていましたから，上段と中段が混り合った形のコレログラムとなるのですが，混り合うに際して，振幅が30の8時点周期のほうが，振幅が20の12時点周期よりも，大きな影響力を行使します．その結果として，中段では高い値を示している r_{12} が低くなってしまいました．

このほか，8時点周期だけなら最大になるはずの r_8 や r_{16} が12時点周期に引きずられて少しだけ低くなっていること，8時点と12時点の最小公倍数が24時点なので r_{24} が最大の値になっていることなど，なるほどと納得していただけるのではないでしょうか．

私たちの時系列データについて作成したコレログラムが図2.19下段のようになった顛末について，一応は納得したものの，まだ許せないのは r_{12} が低い値になっていたことです．なにしろ私たちが手数をいとわずにコレログラムを描いたのは，コレログラムが最大になった位置によって隠れた周期変動の周期を見付けるためだったはずです．どのような顛末があろうと，隠れた周期ぴったりのとこ

ろでコレログラムが低いようでは，コレログラムなどとんでもないではありませんか．

お怒りはごもっともですが，今回の例題は，見分けにくい周期変動でも見分ける方法があることを力説するために，とりわけ意地悪く作ってあったのです．1.5倍しか周期がちがわず，かつ，両方とも無視できないほどの振幅を持っているようなことは，現実にはあまり起こりません．現実の時系列データは，たとえば車の通行量の変動に，周期が1日のもの，1週間のもの，1カ月のものなどが混在しているように，周期が数倍も離れているのがふつうです．そして，こういう場合のコレログラムには，ちゃんと周期ごとの山が現われてきます．やはり，コレログラムは変動の周期を見破るための絶妙の方法なのです．

それにしても，コレログラムを作成する手数のほうは，なんとかならないものでしょうか．なにしろ，66ページのコレログラムを描くためには，65ページの表2.4のような計算を30回近くもやらされるのですから，これは頭にきます．パソコンで表計算ソフトを使って計算すれば，さほど苦にならないかもしれませんが，電卓を片手にしこしこと計算するのでは10時間くらいもかかってしまうでしょう．

そこで，簡便にコレログラムを作る方法がいくつも考案されています．そのうち，もっとも簡単で実用的な方法をご紹介しようと思います．

私たちの時系列データは

87, 65, 39, 20, ……, 19, 19, 31, 52

の31個でした．これらの算術平均を計算してみると49.2です．こ

こで，時系列データのひとつひとつをこの平均値と比較して，データのほうが大きければ＋，小さければ−の記号に書き直してください．

　　　　　＋＋−−……………−−−＋

のようにです．そして，1時点おくれの相関の強さを知るためには，＋と−のこの列を1時点だけずらして並べます．

　　　　　＋＋−−……………−−−＋
　　　　　　＋＋−−……………−−−＋

となり，上と下に記号が向かい合った30個のペアができます．このペアのうち，記号が＋どうしか−どうしかで等しいペアの数をかぞえてください．実際に確かめていただくと22個あることがわかります．そこで，1時点おくれの相関の強さを

$$22/30 ≒ 0.73$$

とみなします．

つぎに，2時点おくれの相関の強さは

　　　　　＋＋−−……………−−−＋
　　　　　　　＋＋−−……………−−−＋

のように2時点だけずらして並べ，29個のペアのうち記号が等しいペアをかぞえると14個あることを知りますから，2時点おくれの相関の強さを

$$14/29 ≒ 0.48$$

とします．以下，同じようにして，時点のおくれの数をふやしながら相関の強さを求めてください．十数分もあれば表2.5のようにして作業が終わります．

この結果を図示したのが，図2.20です．ぜひ，66ページのコレ

表2.5 コレログラム作成の簡便法

時点のおくれ	一致数/ペアの数	相関の強さ
0	31/32	1.00
1	22/30	0.73
2	14/29	0.48
3	7/28	0.25
4	2/27	0.07
5	6/26	0.23
6	13/25	0.52
………(中略)………		
22	5/9	0.56
23	6/8	0.75
24	7/7	1.00
25	4/6	0.67
26	2/5	0.40
27	1/4	0.25

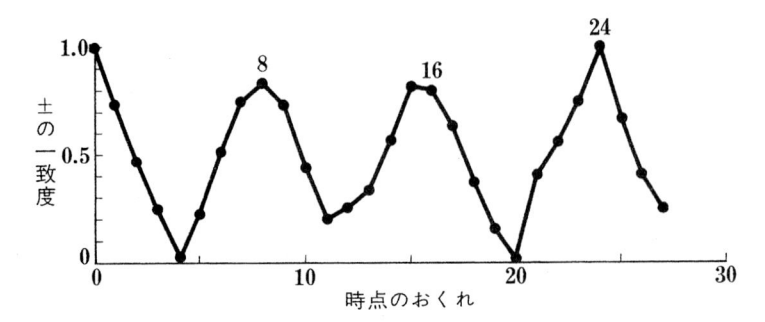

図2.20 十数分で作れるコレログラムの代用品

ログラムと較べてみてください．ほんとによく似ているではありませんか．このくらいよく似ていれば，実用上ほとんど遜色がありません．たった十数分で作成したにもかかわらずです．ぜったい

2. トレンドを解析するために

に，おすすめできる簡便法です．

なお，なぜ＋と－だけの比較でこれほど精度のいいコレログラムもどきができるかについては，65 ページの表 2.4 を見ていただきたいと思います．相関係数を計算する過程で分子となる $\sum (x_i - \bar{x}) \cdot (y_i - \bar{y})$ の大きさは，$(x_i - \bar{x})$ と $(y_i - \bar{y})$ のプラス・マイナスが一致するか否かで，決定的に決まってしまうのです．

コーヒーブレイク

　経験を積みさえすれば人間が賢くなるわけではない，経験からなにかを学びとってこそ賢くなるのだ，というようなことをバーナード・ショーが言っているそうです．

　過去にたくさんのデータが記録されているだけでは役に立たず，データから真相を抽出してこそ活用できるということでしょう．

　なん年にもわたって家計簿をつけはしたけれど……という主婦にバーナード・ショーの言葉でも贈りましょうか．

---

3. トレンド解析から予測へ

トレンド解析によって過去の傾向が判明したら，こんどはその傾向を未来へ延長する番です．過去のデータや，移動平均によってスムージングされたデータを，トレンド解析の結果を参考にしながら未来へ延長するわけですが，さて，延長する曲線にはなにを使えばいいでしょうか．この選択には，数理的な合理性に加えて，予測しようとする事象の性格などについての判断も必要になります．

めのこで直線回帰する

 日本の古典文学の中で,こんな話を読んだ記憶があります.なんとかの尉なにがしという,ほどほどに高貴な方が尿意をもよおして目を覚ましました.昔のことですから厠へ行くには引戸をあけて縁側へ出なければならないのですが,真冬のこととて引戸が凍りついて動きません.せっぱつまって引戸の敷居になま温い尿を注ぎ込みます.やっと引戸が動いて濡縁へ出たときには,もう尿意は失せていました.「はて,わしはなにをしに出たのだったかな……?」

 多くの人たちが権力の座をめざししのぎを削ります.権勢欲に駆られるせいもあるかもしれませんが,それよりは自分の理想を実現するためには権力を握る必要があるからでしょう.それにもかかわらず,権力の座についたとたんに,その居心地よさに満足して,なにをやるつもりだったかを忘れてしまう人が少なくありません.死にもの狂いの受験勉強のすえ,大学にはいったとたんに勉強しなくなるようにです.

 私たちは前の章で,みっちりとトレンド解析の手法を学んできました.誤差による変動が大きくて時系列データのトレンドが見づらいときには,移動平均によって誤差の影響を減らしてトレンドを浮かび上がらせるとか,周期変動が隠れていそうなときにはコレログラムを作って周期を見破るとか,移動平均によって周期変動のひとつを消去し,他の周期変動を見つけるとか,努力のかいあって,トレンド解析については,もう矢でも鉄砲でも持ってこいです.

 けれども,よく考えてみてください.私たちはトレンド解析をして,どうしようというのでしょうか.誤差変動が大きくて生データ

3. トレンド解析から予測へ

トレンド解析は
予測への下ごしらえ

のグラフがデコボコしているとき，移動平均してみたら直線的な右上りの傾向変動がはっきりと読みとれたり，生データの中に深く潜んでいた周期変動を探し出して，その周期や振幅を評定できたりしたので，やあ嬉しいな，だけでは困るのです．

多くの場合，トレンド解析は，それ自体が目的ではありません．「過去の傾向がこうであった」から「将来はこうなるであろう」という予測のほうが真の目的であり，トレンド解析は予測のための手段にすぎないのです．手段達成だけでエネルギーを使い果たし，目的を見失ってしまうようでは，「なんとかの慰なにがし」を笑えないではありませんか．そこで，この章では，トレンド解析から予測へと頭を切り換えて参りましょう．

第1章で，過去の傾向を調べ，それを未来へ延長して未来の数を予測するのが，予測の基本であると，なんべんも書いてきました．では，過去の傾向をどのように未来へ延長するのでしょうか．過去

の傾向を直線か曲線でなぞって，そのまま素直に未来へ伸ばせばいいのですが，ことは簡単のように思えますし，また，簡単な場合も少なくはないのですが，思いのほか手こずることも少なくありません．その証拠に，ひとつの例を採り上げてみましょう．

いまと違って娯楽の少ない時代に育った私のような世代の人間にとって，子どもの頃の唯一の娯楽は読書でした．ところが，娯楽がふえたいま，若者の活字離れや子どもたちの読書離れが進み，さらにはアマゾンなどのネット書店の普及によって，街の本屋さんが次々と姿を消しています。㈱アルメディアの調べによると，表 3.1 のように，書店の数は年とともに減少し，ここ 5 年だけを見ても，2000 店舗以上の書店が姿を消しています．この調子で減りつづけると，これから先，どうなっていくのでしょうか．

表 3.1 こういうデータがある

年	書店の数
2004	18,156
2005	17,839
2006	17,582
2007	16,750
2008	15,829

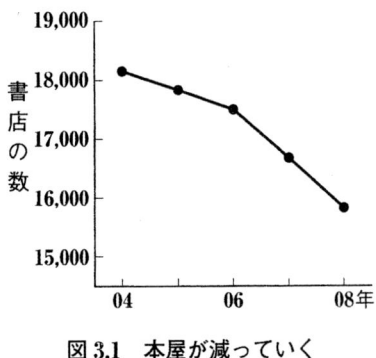

図 3.1 本屋が減っていく

過去の傾向を読むための常套手段にしたがって，さっそくグラフに描いてみたのが図 3.1 です．かなり直線的に減少していることがわかります．そこで，この傾向を 1 本の直線でなぞってみることにしましょう．減少の傾向をなるべく忠実に表わす

ように，めのこで 1 本の直線を書き入れるのです．このように，いくつかの点の配列を代表するような直線を引くことを，**直線回帰**といいます．

　人間の脳の情報処理能力は非常にすぐれています．だから，めのこでもかなりじょうずな直線回帰ができて実用上じゅうぶんであることが少なくないとも言われます．けれども，人間にはそれぞれの癖があるし，そのときの気分や体調によっても手元が左右されます．そのうえ，どう書き入れても，もっともらしく見えることも少なくありません．

　その証拠として，図 3.2 を見ていただきましょうか．ここに並んだ 3 つの図は，いずれも図 3.1 の 5 つの点を直線で回帰してみたものです．3 つとも，もっともらしく回帰しているではありませんか．それにもかかわらず，直線を右下へ延長して 2012 年における書店の数を読むと，左の図では 13600，中の図なら 13800，右の図では 14000 くらいになっています．もっともらしく見える直線回帰にこれほど差があるのは，もっともらしく見えても，実は，傾向を正しく表わしていない，なによりの証拠ではありませんか．やはり，めのこは当てにならないことも少なくないようです．

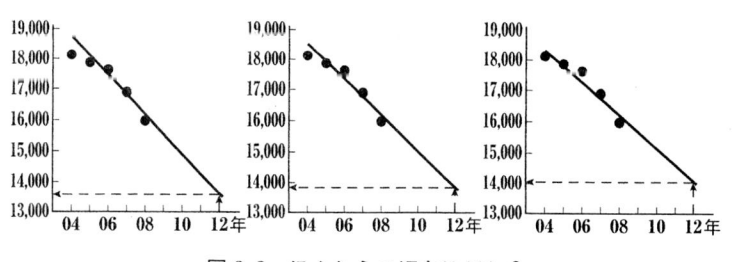

図 3.2　ほんとうの傾向はどれ？

科学的に直線回帰する

人間の直感に頼るめのこでは正確な直線回帰がおぼつかないことがわかったので，もっとも科学的に，つまり，考え方が論理的であり，かつ，いつ誰がやっても同じ結果になるような，直線回帰の方法を考えていきましょう．ごめんどうでも図3.3を見ながら，やや数理的な話に付き合っていただきたいと思います．

図3.3にはデータを表わす5個の点があり，その並び方の傾向をもっとも合理的に代表するような1本の直線を書き込もうと思います．もし，5個の点が完全に直線的な傾向をもって並んでいるなら，5個の点のすべてを連ねるように直線を書き込めば文句はないのですが，いろいろな理由で5個の点が一直線に並んでいないために，どのような直線を書き込んでも，いくつかの点は直線から外れてしまいます．しかたがありませんから，とりあえず，めのこで1本の直線を書き込んでください．直線ですから，その方程式は

$$y = ax + b \tag{3.1}$$

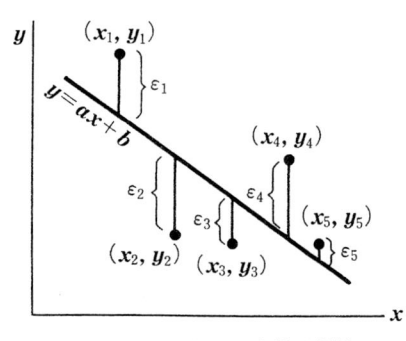

図3.3 科学的な直線回帰法

の形で表わされるはずです.そして,5つの点とこの直線の「離れっぷり」がもっとも小さくなるように,a と b とを決めてやろうと思います.

まず,図3.3のいちばん左上の点に注目してください.この点の座標は (x_1, y_1) ですから,もし,この点が式(3.1)の直線上にあるなら

$$y_1 = ax_1 + b \tag{3.2}$$

となるはずですが,あいにくなことに,この点は直線から y 軸方向に ε_1 だけ離れています.* すなわち

$$y_1 = ax_1 + b + \varepsilon_1 \tag{3.3}$$

なのです.この式を書き直せば

$$\varepsilon_1 = y_1 - ax_1 - b \tag{3.4}$$

となります.

つづいて,(x_2, y_2) にある点や (x_3, y_3) にある点などについても,まったく同じように考えてみてください.

$$\left. \begin{array}{l} \varepsilon_2 = y_2 - ax_2 - b \\ \varepsilon_3 = y_3 - ax_3 - b \\ \cdots\cdots 以下,略 \cdots\cdots \end{array} \right\} \tag{3.5}$$

であることは明らかです.図3.3では点が5個しかありませんから ε_5 で終わりですが,点がいくつあっても同様の式ができるはずで

---

* ε(イプシロン)は,47ページでも使ったように,誤差を表わす記号としてよく使われます.ただし,47ページでは正規分布から取り出される不特定の誤差として使いましたから,ふつうの値のように加減乗除ができず,それを示すために (ε) としてありました.ここでは,ε_1, ε_2, ……のように特定の値として使いますから,ふつうの値と同じように運算ができます.

す．それで，どの点についても使えるような一般的な表現に書き改めれば

$$\varepsilon_i = y_i - ax_i - b_i \tag{3.6}$$

という形となるでしょう．

いま私たちは，点と直線の「離れっぷり」を示す ε_i の値を全体としてもっとも小さくなるように a と b を決めようとしているところでした．全体としてということですから，ε_i の合計，つまり $\sum \varepsilon_i$ を最小にするように，できればゼロになるようにしたいわけです．それなら

$$\sum \varepsilon_i = \sum (y_i - ax_i - b) = 0 \tag{3.7}$$

として a と b を求めればよさそうなものですが，そうは問屋が卸しません．なにしろ，方程式が1つしかありませんから，a と b の両方を求めることはできないのです．

そこで，ε_i の総和を最小にするのではなく，ε_i を2乗した値の総和，すなわち

$$\sum \varepsilon_i^2$$

が最小になるように a と b とを決めてやることにしましょう．それぞれの点が直線から $+\varepsilon$ だけ離れていても $-\varepsilon$ だけ離れていても，離れっぷりは同じですから，$+\varepsilon$ と $-\varepsilon$ を差別しないように2乗して－符号を消してしまうのも合理的ですし，また，$\sum \varepsilon_i^2$ は標準偏差などの数学や物理学の概念とも相性がいいし，さらにありがたいことに，$\sum \varepsilon_i^2$ を最小にすると結果的には

$$\sum \varepsilon_i = 0$$

にも，なってしまうからです．

さて，ε_i は式(3.6)で表わされることを思い出していただき

3. トレンド解析から予測へ

$$\sum \varepsilon_i{}^2 = \sum (y_i - ax_i - b)^2 \tag{3.8}$$

を最小にするには

$$\left.\begin{aligned} \frac{\partial}{\partial a}\sum \varepsilon_i{}^2 &= 0 \\ \frac{\partial}{\partial b}\sum \varepsilon_i{}^2 &= 0 \end{aligned}\right\} \tag{3.9}$$

を連立して解けばいいはずです.* この計算をごしごしとやっていくと, 間もなく

$$\left.\begin{aligned} \sum y_i - a \sum x_i - \sum b &= 0 \\ \sum x_i y_i - a \sum x_i{}^2 - b \sum x_i &= 0 \end{aligned}\right\} \tag{3.10}$$

という形に到着します. ここで点の数, つまり, データの数を n とし, y_i の平均を $\bar{y}$, x_i の平均を $\bar{x}$ とすると

$$\sum y_i = n\bar{y}_i, \quad \sum x_i = n\bar{x}_i, \quad \sum b = nb \tag{3.11}$$

ですから, これらを式(3.10)に代入すると, 結局

$$\left.\begin{aligned} n\bar{y}_i - na\bar{x}_i - nb &= 0 \\ \sum x_i y_i - a \sum x_i{}^2 - nb\bar{x}_i &= 0 \end{aligned}\right\} \tag{3.12}$$

を連立して解けばいいことがわかります. この連立方程式は「正規方程式」と呼ばれているのですが, それはさておき, この連立方程式から a と b を求めると, やっと

$$a = \frac{\sum x_i y_i - n\bar{x}_i \bar{y}_i}{\sum x_i{}^2 - n\bar{x}_i{}^2} \tag{3.13}$$

---

* $\dfrac{\partial}{\partial a}\sum \varepsilon_i{}^2$ は $\sum \varepsilon_i{}^2$ の a による偏微分といい, 式(3.8)において a 以外はすべて定数とみなして a で微分することを意味します. なぜ式(3.9)を連立して解くと $\sum \varepsilon_i{}^2$ が最小になるような a と b が求められるかについては, 恐縮ですが『微積分のはなし(下)(改訂版)』, 206〜211ページをごらんください.

$$b = \bar{y}_i - a\bar{x}_i \tag{3.14}$$

という答が得られました．あとは，この式によって計算した a と b の具体的な値を代入した

$$y = ax + b \tag{3.1と同じ}$$

の直線をデータのグラフに記入すれば，それはデータを表わす点の並び方をもっとも合理的に代表する直線となり，データの傾向を忠実に示していること請け合いです．

　なお，この節の考え方によれば，それぞれの点が直線から離れている距離の2乗を総計した値が最小になるように，直線の位置を決めています．したがって，この方法は**最小2乗法**と名付けられています．

実例にあてはめてみる

　式(3.13)と式(3.14)で求めた a と b を使えば，データの傾向を忠実に示す直線回帰ができると請け合ってみたものの，式(3.14)はともかく，式(3.13)のほうは，なんとも怖しげで気が滅入ります．しかし，実際に数値を入れてみると，怖しくもなんともありません．さっそく，年とともに減少する書店の数を直線で回帰してみることにします．

　私たちの生データは，84ページの表3.1のとおりでした．そして，図3.1や図3.2は，年を x 軸(横軸)，書店の数を y 軸(縦軸)にして描いたのですから，年を x_i，書店の数を y_i として式(3.13)や式(3.14)を使えばいいのですが，年が4桁の数字なので算術がめんどうです．で，年のほうから2000を引き，表3.2のよう

3. トレンド解析から予測へ

表3.2 こうして計算する

x_i	y_i
4	18156
5	17839
6	17582
7	16750
8	15829

表3.3 回帰直線を求める準備

x_i	y_i	$x_i y_i$	x_i^2
4	18156	72624	16
5	17839	89195	25
6	17582	105492	36
7	16750	117250	49
8	15829	126632	64
$\sum x_i = 30$ $\bar{x}_i = 6$	$\sum y_i = 86156$ $\bar{y}_i = 17231.2$	$\sum x_i y_i = 511193$	$\sum x_i^2 = 190$

な簡単な値にしてから式(3.13)などの計算に移りましょう．そうすると，式(3.13)の計算に使う $\sum x_i y_i$ などの値は，表3.3のように簡単に求まりますから，これらの値を式(3.13)に代入すると

$$a = \frac{\sum x_i y_i - n\bar{x}_i \bar{y}_i}{\sum x_i^2 - n\bar{x}_i^2}$$

$$= \frac{511193 - 5 \times 6 \times 17231.2}{190 - 5 \times 6^2} = \frac{-5743}{10} - 574.3 \quad (3.15)$$

となり，あっという間に a の値が決まってしまいました．

さらに，この値を式(3.14)に代入すると

$$b = \bar{y}_i - a\bar{x}_i$$

$$= 17231.2 - (-574.3) \times 6 = 20677 \tag{3.16}$$

というぐあいに，b の値もいっぱつで決まりです．こうして，書店数の回帰直線は，

$$y = -574.3x + 20677 \tag{3.17}$$

であることが確定できました．思ったより簡単な計算であったことにも同意していただけることでしょう．

さあ，この回帰直線を年とともに減少する書店のデータに記入してみてください．横軸の年が表 3.2 のように変わっていることを思い出せば，2004 年 ($x=4$) では

$$y = -574.3 \times 4 + 20677 = 18379.8 \tag{3.18}$$

また，2012 年 ($x=12$) では

$$y = -574.3 \times 12 + 20677 = 13785.4 \tag{3.19}$$

のはずですから，回帰直線はこの 2 点を直線で結べば出来上りです．出来上りの姿は，図 3.4 のようになりました．85 ページの図 3.2 にめのこで記入した 3 本の回帰曲線のうち中央の図が，科学的な回帰曲線にいちばん近かったようです．

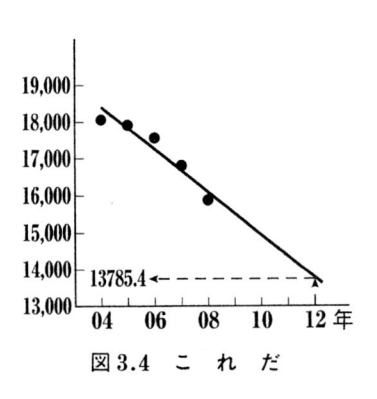

図 3.4 これだ

ところで，私たちは 5 個の点の連なりを直線で回帰し，その直線を 5 個の点が存在する領域から外へ延長して，2012 年の y の値を読みとったのでした．このように，データの傾向を外側へ延長することは**外挿**(がいそう)といわれ，時系列データに限らず，いろいろな予測に使われるばかり

か，広く自然科学や社会科学の解明に利用されている思考法です．

これで直線回帰については一件落着なのですが，少しだけ補足させてください．いまの例では，回帰直線の方程式を求める過程で，横軸が2004，2005，……などとなっていたのでは計算の桁数が多くて煩わしいので，それを4，5，……などに省略して計算をしました．これだけでも計算の手間はだいぶ省けますが，実は，もっといい方法があるのです．

時系列データのようにデータが等間隔の時点で並んでいる場合には，中央の時点をゼロとした新しい目盛を考えてみてください．書店のデータの例でいうなら，2006年をゼロとして

$$
\left.\begin{array}{llll}
2004 & \text{を} & -2 & (x_1\text{に相当}) \\
2005 & \text{を} & -1 & (x_2\text{に相当}) \\
2006 & \text{を} & 0 & (x_3\text{に相当}) \\
2007 & \text{を} & 1 & (x_4\text{に相当}) \\
2008 & \text{を} & 2 & (x_5\text{に相当})
\end{array}\right\} \quad (3.20)
$$

とするのです．こうすると，$\bar{x}$ も $\bar{x}^2$ もゼロになります．

したがって，回帰直線の式に必要な a を求めるための式(3.13)において，分子の第2項と分母の第2項がともにゼロになり，式(3.13)は

$$a = \frac{\sum x_i y_i}{\sum x_i^2} \tag{3.21}$$

という簡単な式に変わります．おまけに，b を求めるための式(3.14)の右辺第2項も消えてしまい

$$b = \bar{y}_i \tag{3.22}$$

だけになってしまいます．これなら計算の手間もずいぶん省けるに

表 3.4 こうすると計算がらく

x_i	y_i	$x_i y_i$	x_i^2
-2	18156	-36312	4
-1	17839	-17839	1
0	17582	0	0
1	16750	16750	1
2	15829	31658	4
$\bar{x}_i = 0$	$\bar{y}_i = 17231.2$	$\sum x_i y_i = -5743$	$\sum x_i^2 = 10$

ちがいありません．

この方法で，書店の回帰直線を求めてみましょう．表3.4のようにして $\bar{y}_i$, $\sum x_i y_i$, $\sum x_i^2$ を計算し，これを式(3.21)と式(3.22)に代入してみてください．

$$\left. \begin{array}{l} a = \dfrac{-5743}{10} = -574.3 \\ b = 17231.2 \end{array} \right\} \quad (3.23)$$

ですから，回帰直線の式は

$$y = -574.3x + 17231.2 \qquad (3.24)$$

です．これで終わりです．なんと，あっけないこと……．

念のために，2012年の書店の数を計算してみましょうか．2012年は新しい目盛では $x=6$ に相当しますから，この値を式(3.24)に代入すると

$$y = -574.3 \times 6 + 17231.2 = 13785.4$$

となり，この節の前半で求めた式(3.19)の値とちゃんと合っています．

なお，データの数が偶数のため，ゼロの目盛を付けるべき中央の

時点がない場合には，目盛の幅を2とし，たとえば

　　2005年　を　−3
　　2006年　を　−1
　　2007年　を　　1
　　2008年　を　　3

とすることによって，簡便な計算法を利用できることを付け加えておきましょう．

2次曲線で回帰する

　この節では，年とともに減少の傾向が見られる書店の数をテーマにして，減少の傾向を直線で回帰し，それを外挿することによって，2012年には書店が13800店くらいにまで減ってしまうのではないかと予測してきました．ところで，書店の減少のグラフをもういちど載せておきましたので，見ていただけませんか．年とともに減少の傾向にあることは間違いなさそうですが，減少の仕方は必ずしも直線的ではなく，曲線的であるようにも思われます．それなら，直線で回帰するのではなく，曲線で回帰するほうが正しい予測になるかもしれません．こういうわけで，こんどは書店の5つのデータを曲線で回帰してみようと思います

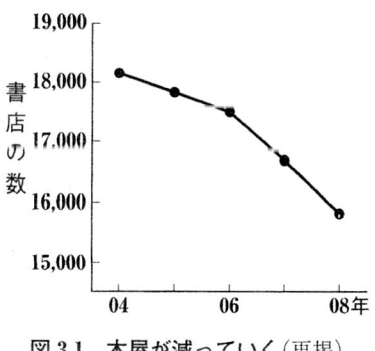

図3.1　本屋が減っていく(再掲)

曲線の中でいちばん取り扱いやすいのは2次曲線です．方程式で一般的に書くなら

$$y = ax^2 + bx + c \tag{3.26}$$

です．こんども，直線回帰のときと同じ手順にしたがって，最小2乗法でaとbとcを決めてやりましょう．つまり，データを示す5つの点がこの直線から離れてしまう距離の2乗の総計が最小になるような，2次曲線で回帰しようと思うのです．では，式(3.6)，式(3.8)，式(3.9)と同様なステップを踏んでいきましょう．

まず，それぞれの点が式(3.26)で示される2次曲線から離れている距離は

$$\varepsilon_i = y_i - ax_i^2 - bx_i - c \tag{3.27}$$

ですから，これらの2乗の総和は

$$\sum \varepsilon_i^2 = \sum (y_i - ax_i^2 - bx_i - c)^2 \tag{3.28}$$

で表わされます．これを最小にするには

$$\left. \begin{array}{l} \dfrac{\partial}{\partial a} \sum \varepsilon_i^2 = 0 \\[6pt] \dfrac{\partial}{\partial b} \sum \varepsilon_i^2 = 0 \\[6pt] \dfrac{\partial}{\partial c} \sum \varepsilon_i^2 = 0 \end{array} \right\} \tag{3.29}$$

を連立して解き，aとbとcを求めればいいことは回帰直線を求めたときと同様です．

ここまでは軽やかなステップで進んできましたが，これからあとの計算はめんどうです．ごりごりやれば誰でも解けるのですが，やたらにごみごみしています．で，計算の過程は省略しましょう．お

まけに,最終の式を少しでも簡単にして使いやすくするために,93ページの式(3.20)でやったように,横軸の目盛をくふうして

$$\sum x_i = 0 \tag{3.30}$$

とします.こうして求めたaとbとcは,つぎのとおりです.

$$a = \frac{n \sum x_i^2 y_i - \sum x_i^2 \sum y_i}{n \sum x_i^4 - (\sum x_i^2)^2} \tag{3.31}$$

$$b = \frac{\sum x_i y_i}{\sum x_i^2} \tag{3.32}$$

$$c = \frac{\sum x_i^4 \sum y_i - \sum x_i^2 \sum x_i^2 y_i}{n \sum x_i^4 - (\sum x_i^2)^2} \tag{3.33}$$

少しでも簡単にと配慮したにもかかわらず,やはり2次曲線ともなると,かなりなものです.別に私のせいではないのですが,いくらか申し訳ない気持ちがいたします.

けれども,実際の数値計算はたいしたことはありません.a, b, cを求めるのに必要な$\sum x_i^2 y_i$などの値を計算しているのが表3.5ですが,直線回帰のときの表3.4と較べても大差がないではありませんか.では,表3.5で計算した値を式(3.31),式(3.32),式(3.33)に代入してみてください.

表3.5 回帰2次曲線を求める準備

x_i	y_i	x_i^2	x_i^4	$x_i y_i$	$x_i^2 y_i$
-2	18156	4	16	-36312	72624
-1	17839	1	1	-17839	17839
0	17582	0	0	0	0
1	16750	1	1	16750	16750
2	15829	4	16	31658	63316
	$\sum y_i = 86156$	$\sum x_i^2 = 10$	$\sum x_i^4 = 34$	$\sum x_i y_i = -5743$	$\sum x_i^2 y_i = 170529$

$$a = \frac{5 \times 170529 - 10 \times 86156}{5 \times 34 - 10^2} = -127.4 \qquad (3.34)$$

$$b = \frac{-5743}{10} = -574.3 \qquad (3.35)$$

$$c = \frac{34 \times 86156 - 10 \times 170529}{5 \times 34 - 10^2} = 17485.9 \qquad (3.36)$$

こうして，書店のすう勢を回帰する2次曲線は

$$y = -127.4\,x^2 - 574.3\,x + 17485.9 \qquad (3.37)$$

であることが判明しました．

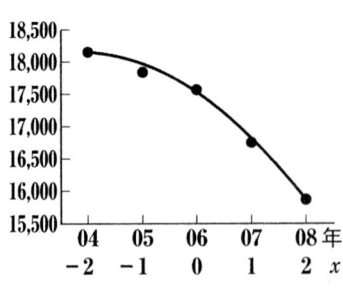

図 3.5　2 次曲線で回帰すると

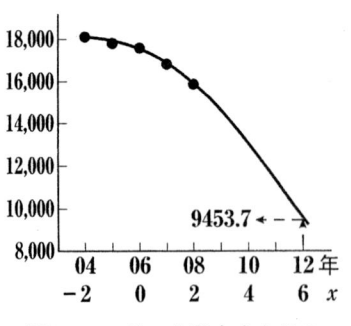

図 3.6　こういう見方もある？

さっそく，横軸目盛に注意しながら書店のデータにこの曲線を書き込んでみてください．図3.5のようになるでしょう．なるほど5つの点の傾向をうまくなぞっているではありませんか．どうやら直線回帰よりは2次曲線による回帰のほうが，いまの例では，上等のよう……．

では，この2次曲線で2012年の書店の数を予測してみてください．式(3.37)の x に，3，4，5，6，……と代入して曲線を未来のほうへ伸ばしてみると，驚いたことに曲線はそれまで以上の勢いで下降しつづけ，2012年には9500

店を割る結果となりました(図 3.6)．直線回帰の予測では 13775 店くらいに落ち込むとなっていましたから，おおちがいではありませんか．いったい，どちらを信用したらいいのでしょうか．

あてはめのよさを調べる

書店に関する 5 つのデータを直線で回帰すると，書店の数は 2012 年には 13785 店くらいの落ち込みですむのに，同じ 5 つのデータを 2 次曲線で回帰してみると，さらに猛烈な勢いで減少しつづけ，

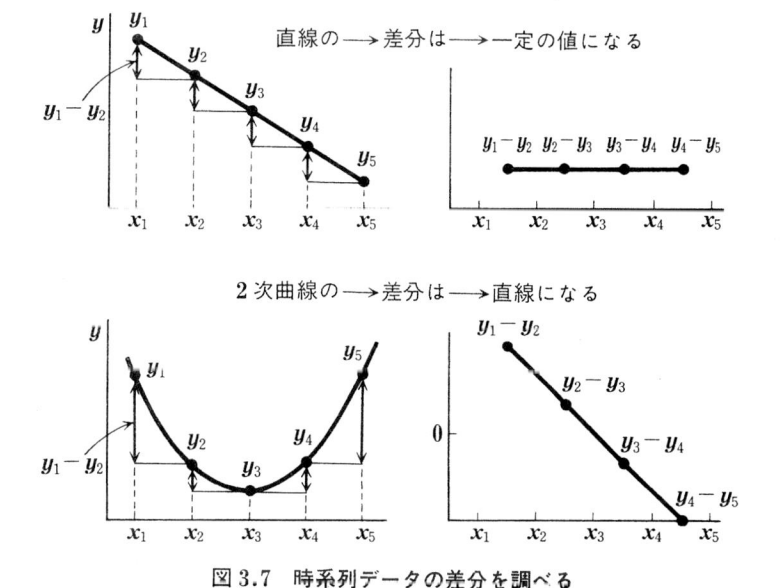

図 3.7 時系列データの差分を調べる

2012年には9454店くらいまで減少する……. あまりにも差があります. 直線回帰と2次曲線回帰のどちらが信用できるのか, ぜひとも決着をつけなければなりません.

どちらの回帰が妥当であるかを評価するには, いくつもの方法がありますが, その第1は, 差分を点検する方法です. その原理を図3.7に示しておきました. もし等間隔の毎時点で記録されたデータが左上図のように直線的に並んでいるなら, 隣り合ったデータの値の差(**差分**といいます)はすべて一定の値になります. これに対して, データが左下図のように2次曲線の上に並んでいるなら, データの差分は右下図のように直線的に並びます.* この性質を利用して, データを回帰するには直線と2次曲線のどちらがふさわしいかを見破ろうというわけです.

私たちのデータの差分をとると, 表3.6のとおりです. この差分の値をグラフに描いてみて, 横一線に並ぶようなら直線で回帰すれ

表3.6 差分を求める

年(x_i)	書店の数 y_i	差 分
-2	18156	
		317
-1	17839	
		257
0	17582	
		832
1	16750	
		921
2	15829	

---

* 直線の方程式 $y=ax+b$ を微分すれば $y'=b$ という定数の式になり, 2次曲線の方程式 $y=ax^2+bx+c$ を微分すると $y'=2ax+b$ という直線の式になります. 差分は微分を粗くしたものなので, 同様の性質があります.

ばいいし，傾いた直線上に並んだら2次曲線で回帰すればいいはずです．ところが，グラフに描いてみると図3.8のようになってしまいました．これでは横一線ともいえないし，斜めの直線ともいえないではありませんか．どうやら，差分による評価では直線回帰と2次曲線回帰のどちらにも軍配は挙げられないようです．やむを得ませんから，他の評価法に移りましょう．

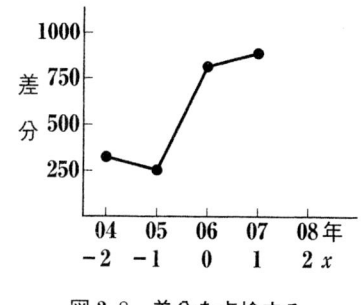

図3.8　差分を点検する

第2の方法は，つぎのとおりです．私たちは，直線回帰と2次曲線回帰のいずれの場合にも，データを示す点と回帰直線や回帰曲線との「離れっぷり」を表わす ε の2乗を総計した値，つまり

$$\sum \varepsilon_i^2$$

が最小になるように，直線や曲線の方程式を決めたのでした．そこで，この目標がどのくらい厳しく達成できているかを比較してみましょう．$\sum \varepsilon_i^2$ は，**残差平方和***と呼ばれるのですが，この値がゼロに近ければ近いほど，直線や曲線がデータを示す点をじょうずになぞっていると評価できるにちがいありません．

直線回帰と2次曲線回帰の両方について $\sum \varepsilon_i^2$ を求める計算過程は，表3.7のとおりです．たとえば，上半分の直線回帰の場合を見てください．x_i は年ですが，簡単にするために式(3.20)で決めた

---

* ε_i のように取りきれずに残ってしまった差を残差ということは24ページにご紹介したとおりなので，残差を2乗(平方)して合計した $\sum \varepsilon_i^2$ は残差平方和と呼ばれることになります．

表3.7　$\sum \varepsilon_i^2$ を較べてみる

(1) 直線回帰の場合

x_i	y_i	$y = -574.3 x_i + 17231.2$	$\varepsilon_i = y_i - y$	ε_i^2
-2	18156	18379.6	-224	49996.96
-1	17839	17805.3	34	1135.69
0	17582	17231	351	123201
1	16750	16656.7	93	8704.89
2	15829	16082.4	-253	64211.56

$\sum \varepsilon_i^2 = 247250.1$

(2) 2次曲線回帰の場合

x_i	y_i	$y = -127.4 x_i^2 - 574.3 x_i + 17485.9$	$\varepsilon_i = y_i - y$	ε_i^2
-2	18156	18124.9	31.1	967.21
-1	17839	17932.8	-93.8	8798.44
0	17582	17485.9	96.1	9235.21
1	16750	16784.2	-34.2	1169.64
2	15829	15827.7	1.3	1.69

$\sum \varepsilon_i^2 = 20172.2$

目盛にしてあります．y_i は書店の数，すなわち，生データです．y の欄には回帰直線の方程式

$$y = -574.3 x + 17231.2 \qquad (3.24)\text{と同じ}$$

の x に x_i を代入して得た y の値が書いてありますから，この値が各年における直線上の値です．したがって，y_i とこの値の差が生データが回帰直線から離れている距離 ε_i となります．あとは，ε_i を2乗して合計すれば $\sum \varepsilon_i^2$ が求められ，私たちの例では 247250.1 と出ました．

これに対して，2次曲線による回帰の場合について $\sum \varepsilon_i^2$ を求めているのが表3.7の下半分です．回帰曲線の方程式が前節で求めた

$$y = -127.4 x^2 - 574.3 x + 17485.9 \qquad (3.37)\text{と同じ}$$

になっているほかは，上半分の計算と同じ流れに従い，$\sum \varepsilon_i^2$ は20172.2となりました．

直線回帰のときの残差平方和は247250.1なのに対して，2次曲線回帰では20172.2です．5つの点をじょうずになぞっているという観点からいえば，どうやら2次曲線回帰の方に軍配が挙がったようです．

なお，本筋を外れますが，表3.7で ε_i の値を合計してみていただけませんか．直線回帰と曲線回帰のいずれの場合でも

$$\sum \varepsilon_i = 0$$

となることに気がつきます．88ページに書いたように，$\sum \varepsilon_i^2$ をゼロにすると $\sum \varepsilon_i$ のほうもゼロになってしまうところが嬉しいではありませんか．

本筋に戻ります．生データの傾向をじょうずになぞっていることをあてはめが良いなどともいいますが，あてはめの良さを評価する第3の方法もご紹介しておきたいと思います．残差平方和を比較する方法とともに，利用しやすい方法です．

前章の62ページで，「いっしょに増減する傾向」の強さを測る尺度としては相関係数がぴったりだと書きました．それなら，生データと回帰直線や回帰曲線の間の相関係数があてはめの良さの評価に使えそうではありませんか．なぜなら，生データと「いっしょに増減する傾向」が強い直線や曲線があてはめがよいと考えるのがごく自然だからです．すなわち，生データの値 y_i と回帰の方程式から求めた y との間の相関係数を調べ，その値が1に近いほどあてはめが良いと判定すればいいのです．

y_i と y との相関係数は

$$r = \frac{\sum(y_i - \bar{y}_i)(y - \bar{y})}{\sqrt{\sum(y_i - \bar{y}_i)^2 \cdot \sum(y - \bar{y})^2}} \qquad (2.34)もどき$$

で計算できますから,少々めんどうですが,むずかしくはありません.計算は表3.8のように進行して

直線回帰の場合 　　　$r \fallingdotseq 0.965$

2次曲線回帰の場合 　　$r \fallingdotseq 0.997$

となりました.ともに1に近い値なのであてはめはかなり良いのですが,中でも2次曲線回帰のほうが一段と勝っていることがわかります.ここでも2次曲線回帰のほうに軍配が挙がりました.

この節は,3つもの手法を列記したので,少しごみごみしてしまいました.最後に整理しておきましょう.

私たちは,書店の数についての5つのデータから将来の推移を予測しようとして,まず直線で回帰し,つづいて2次曲線で回帰してみたところ,両者の間には驚くほどの差ができてしまいました.こうして,どちらの回帰のほうが5つのデータの傾向をうまくなぞっているかを調べる必要が生じたので,よく使われる3つの手法によって両者のあてはめの良さを評価してみたところ,つぎのような結果になったのでした.

(1) データの差分をとって図3.8のグラフを描いてみましたが,このグラフは横一線とも傾いた直線ともいえないので,直線回帰にも2次曲線回帰にも軍配を挙げることはできませんでした.

(2) 両者の残差平方和を調べてみたところ,2次曲線回帰のほうが成績がいいと評価されました.

(3) データと回帰直線や曲線との相関係数を求めてみたところ,2次曲線のほうがあてはめが良いことがわかりました.

表 3.8 相関の強さを較べてみる

(1) 直線回帰の場合

y_i	$y_i - \bar{y}_i$	$(y_i - \bar{y}_i)^2$	y	$y - \bar{y}$	$(y - \bar{y})^2$	$(y_i - \bar{y}_i)(y - \bar{y})$
18156	924.8	855255.04	18379.6	1148.6	1319282	1062225.3
17839	607.8	369420.84	17805.3	574.3	329820.5	349059.5
17582	350.8	123060.64	17231	0	0	0
16750	−481.2	231553.44	16656.7	−574.3	329820.5	276353.2
15829	−1402.2	1966164.84	16082.4	−1148.6	1319282	1610566.9
$\bar{y}_i = 17231$		3545454.8	$\bar{y} = 17231$		3298205	3298204.9

$$r = \frac{3298204.9}{\sqrt{3545454.8 \times 3298205}} = 0.965$$

(2) 2次曲線回帰の場合

y_i	$y_i - \bar{y}_i$	$(y_i - \bar{y}_i)^2$	y	$y - \bar{y}$	$(y - \bar{y})^2$	$(y_i - \bar{y}_i)(y - \bar{y})$
18156	924.8	855255.04	18124.9	893.7	798699.69	826493.8
17839	607.8	369420.84	17932.8	701.6	492242.56	426432.5
17582	350.8	123060.64	17485.9	254.7	64872.09	89348.8
16750	−481.2	231553.44	16784.2	447.0	199809	215096.4
15829	−1402.2	1966164.84	15827.7	−1403.5	1959812.25	1967987.7
$\bar{y}_i = 17231$		3545454.8	$\bar{y} = 17231$		3525435.6	3525359.1

$$r = \frac{3525359.1}{\sqrt{3545454.8 \times 3525435.6}} = 0.997$$

以上を総合すると，書店のデータを直線か2次曲線のどちらかで回帰するなら，2次曲線のほうが勝っているというのが，この節の結論です．

指数曲線で回帰し，予測する

　前の節の結論に得心されましたでしょうか．書店のデータを直線か2次曲線のどちらかで回帰するなら2次曲線のほうが勝れているというのです．それなら，書店の数は92ページの図3.4のような減少ではなく，98ページの図3.6のような減少の途を辿るのでしょうか．

　実は，直線的に減少をつづけるという予測には，数年先の近未来ならいざ知らず，長期的な予測としては致命的な欠陥があります．その証拠に，回帰直線を表わす式(3.17)か式(3.24)で確かめていただけばわかるように2036年には書店の数がほぼゼロになり，それ以降は，書店の数がマイナスになっていくのです．書店の数がマイナスなどということは，社会現象としても自然現象としても許されるはずがありません．ですから，最小2乗法を使おうとどうしようと，この場合，直線で回帰して外挿するのは十数年後を対象とする予測法としては失格です．

　では，2次曲線による予測のほうは，どうでしょうか．サブプライムローン問題が引き金になり，リーマンショックによってミニバブルが弾けたことで国民のレジャーの傾向に変化が現れ，それまで減少を続けていた映画の興行収入が，大ヒット作品がなかったにもかかわらず2009年には増加に転じて過去2番目の興行収入を記録したそうですから，減少傾向にあった書店の数が上昇に転ずること

3. トレンド解析から予測へ

も，ないとはいえません．

とはいうものの，書店の減少傾向はゲームや携帯電話に若者の興味がいってしまい読書人口が減ってしまったことと，ネット書店の台頭が原因であり，この原因は消滅しそうもありませんから，上昇に転じることはなさそうに思えます．それなら，2次曲線で回帰したのは上策ではなかったのかもしれません．

私たちは，95ページあたりで，書店のデータを示す5つの点を見て，減少の傾向が直線的であるよりは曲線的であると感じ，曲線の中でいちばん取り扱いやすいのは2次曲線であるという理由だけで2次曲線で回帰し，その傾向を外挿して将来を予測しようとしたのでした．けれども，社会現象や自然現象を予測しようとするなら，それらの現象の性格を考慮して回帰する曲線の種類を選ばなければなりません．

「減少の傾向はずっとつづきながら決してマイナスにはならない」と考えられる現象の場合，いちばん適している回帰曲線は

$$y = ba^x \quad (ただし，a<1, b>0) \qquad (3.38)$$

の形で表わされる指数曲線です．

この曲線は，図3.9のように，はじめは急激に，のちには徐々に減少をつづけ，ゼロには限りなく近づいてはゆくものの，決してマイナスの値にはなりません．書店の今後を予測するのにもってこいの曲線だと思います．

さっそく，指数曲線で5つの

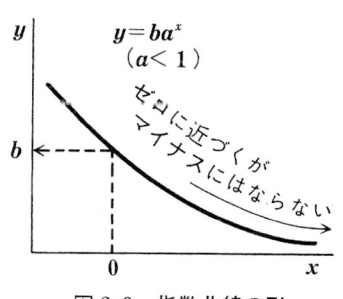

図3.9 指数曲線の形

データを回帰してみよう……と,志したのですが,このままでは勝手がよくありません.x が変な位置にあるので,直線や2次曲線の回帰方程式を求めたようなあんばいには計算が進まないのです.そこで,なけなしの知恵をはたきます.式(3.38)の両辺の対数をとるのです.対数は,常用対数でも自然対数でもかまいません.

$$\log y = \log b + x \log a \qquad (3.39)*$$

ここで

$$\left.\begin{array}{l}\log y = Y \\ \log b = B \\ \log a = A\end{array}\right\} \qquad (3.40)$$

とおくと式(3.39)は

$$Y = B + Ax \qquad (3.41)$$

の形になります.なんと,指数曲線の式がもっとも平凡な直線の式に変わってしまったではありませんか.こうなれば,しめたもの……あとは直線回帰のときと同じ手順で B と A を決め,式(3.40)によって元の式(3.38)に戻してやればいいはずです.

ここで,直線回帰の式を決めるための計算式を思い出しておきましょう.計算を簡単にするために x の目盛を93ページの式(3.20)と同じにとって $\bar{x}_i = 0$ とします.そうすると

$$A = \frac{\sum x_i Y_i}{\sum x_i^2} \qquad (3.21)\text{もどき}$$

$$B = \bar{Y}_i \qquad (3.22)\text{もどき}$$

です.ここで

---

* $\quad \log mn = \log m + \log n$

$\quad \log m^n = n \log m$

などの公式を思い出してくだされ.

表3.9 回帰指数曲線を求める準備

x_i	y_i	Y_i	$x_i Y_i$	x_i^2
-2	18156	1.2590	-8.5180	4
-1	17839	4.2514	-4.2514	1
0	17582	4.2451	0.0000	0
1	16750	4.2240	4.2240	1
2	15829	4.1995	8.3989	4
$\bar{x}_i = 0$		$\bar{Y}_i = 4.2358$	$\sum x_i Y_i = -0.1465$	$\sum x_i^2 = 10$

$$Y_i = \log y_i \qquad (3.40) の応用$$

であることに注意しながら，対数計算には常用対数を使うならば，$\sum x_i Y_i$, $\sum x_i^2$, $\bar{Y}_i$ の値は表3.9のように求められますから

$$A = \frac{-0.1465}{10} = -0.01465$$

$$B = 4.2358$$

と計算されます．すなわち，

$$Y = 4.2358 - 0.01465\, x \qquad (3.42)$$

です．あとは常用対数表をひくなり，電卓を使うなりして式(3.40)を逆に辿って元の姿に戻せば

$$y = 17210.18 \cdot 0.96683^x \qquad (3.43)$$

という回帰指数曲線の方程式が決まります．*

---

* 式(3.38)の代りに，減衰曲線などの呼び名で馴染の深い

$$y = b e^{-ax} \quad (ただし，a > 0)$$

からスタートして，この節と同じ手順を踏むと

$$y = 17210.18\, e^{-0.03373 x}$$

に到達します．$-0.03373 \log e = \log 0.96683$ ですから，この式は式(3.43)と同じものです．

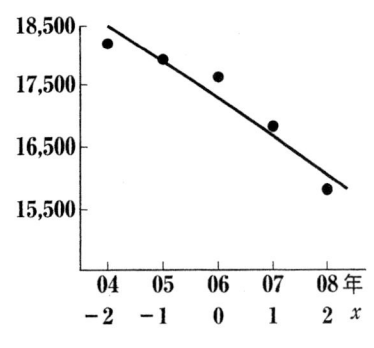

図 3.10 指数曲線で回帰すると

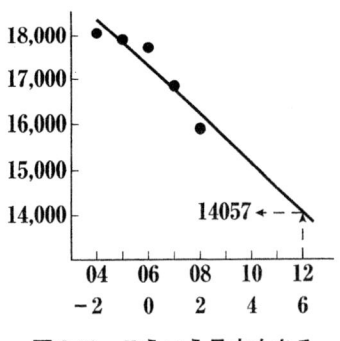

図 3.11 こういう見方もある

表 3.10 書店の数の回帰と外挿

実 年	x	y
2004	-2	18411.2
2005	-1	17800.6
2006	0	17210.2
2007	1	16639.4
2008	2	16087.5
2009	3	15553.9
2010	4	15038.0
2011	5	14539.2
2012	6	14057.0
2014	8	13140.0
2016	10	12282.8
2026	20	8766.1
2036	30	6256.3

こうして指数曲線による回帰に成功しましたので，さっそく 5 個のデータの中にこの曲線を書き込んでみました．図 3.10 が，それです．直線回帰（図 3.4）と 2 次曲線回帰（図 3.5）の中間ぐらいの感じですね．

つづいて，回帰指数曲線で外挿し将来の書店の数を予測してみましょう．式 (3.43) の x に表 3.10 のような年の目盛を入れてやれば，回帰曲線上の書店の数 y はわけなく求まります．このうち，2012 年までのぶんをグラフに描いたのが図 3.11 です．2012 年の書店の数は約 14057 店と予測されます．

2012 年の書店の予測は，直線回帰では約 13785 店，2 次曲線回帰

では約9454店でしたから、4〜5年先の近い未来に限って言えば、指数曲線回帰は直線回帰に似た予測をしていることになります。ただし、直線回帰では2036年には書店がゼロになり、それ以降はマイナスという現実には起こるはずのない予測でしたが、指数曲線によれば2036年には約6256店であり、それ以降も書店が営業をつづけていけるという、いかにもありそうな予測ではありませんか。

どの回帰を選ぶのか

前節では、書店の5つのデータを自信たっぷりに指数曲線で回帰しましたから、この指数曲線のあてはめの良さもチェックしてみましょう。5個のデータの y_i の値と、それに対応する回帰曲線上の値 y は表3.11のとおりですから、102ページの表

表3.11 データと回帰の値との対比

x_i	y_i	y
-2	18156	18411.2
-1	17839	17800.6
0	17582	17210.2
1	16750	16639.4
2	15829	16087.5

3.7や105ページの表3.8と同様な手順で残差平方和と相関係数を計算してみていただけませんか。くどくなりますから計算過程は省きますが、

$$\sum \varepsilon_i^2 \fallingdotseq 283923.2 \tag{3.44}$$
$$r \fallingdotseq 0.959 \tag{3.45}$$

となるはずです。これらを直線回帰や2次曲線回帰の場合と比較すると

残差平方和* $\begin{cases} 直線 & 247250.1 \\ 2次曲線 & 20172.2 \\ 指数曲線 & 283923.2 \end{cases}$

相 関 係 数 $\begin{cases} 直線 & 0.965 \\ 2次曲線 & 0.997 \\ 指数曲線 & 0.959 \end{cases}$

となります．残差平方和は小さいほど，相関係数は1に近いほどあてはめは良好なのですから，あてはめの良さについて評価するなら，2次曲線が1番，直線が2番，指数曲線が3番と判定されます．

それなら，やはり，2次曲線回帰を信じて書店の数を予測すべきではないでしょうか．実は，ここのところが非常にむずかしいのです．

予測は，社会科学の一分野です．昔なら経験や勘に頼るしかなかった社会現象に科学のメスを入れる手法のひとつです．経験や勘を補うための手法といっても過言ではありません．したがって，経験やもろもろの状況によって「決してマイナスにはならないけれど

---

* あてはめの良さを評価する尺度として，残差の分散（残差平方和をデータの数で割った値）をデータの分散で割った値，すなわち

$$\frac{\sum \varepsilon_i^2 / n}{\sum (y_i - \bar{y}_i)^2 / n} = \frac{\sum \varepsilon_i^2}{\sum (y_i - \bar{y}_i)^2}$$

を使うことがあります．私たちの例では表3.8に見るように $\sum (y_i - \bar{y}_i)^2 = 3545454.8$ ですから

 直線：0.070, 2次曲線：0.006, 指数曲線：0.080

となります．もちろん，この値が小さいほうがあてはめが良いと評価され，直線の場合，データの回帰直線からのばらつきは，データそのもののばらつきの7.0％，という感じです．

3. トレンド解析から予測へ

でだしはほとんど同じでも

も減少の傾向がつづく」と判断されるなら，その判断に沿った回帰曲線を選ぶべきなのです．最小2乗法による回帰方程式の決定とか残差平方和や相関係数によるあてはめのチェックなどの数学は，あくまでも補助手段であることを忘れてはなりません．

　もちろん，補助手段であるはずの数理解析の結果が私たちの常識と異なる場合には，その時点で，私たちの常識がまちがっているのか，数学の使い方がまちがっているのかを虚心担懐に反省する必要があります．

　そして，いままでの経験や勘がまったく役に立たず，将来の姿についてのイメージが皆無なら，これはもう，補助手段である数理解析の教えるとおりに信じるしかありません．

この考え方を，書店の数の予測に適用してみるなら，つぎのようになりそうです．書店は若者の興味の対象が変化したこととネット書店の台頭により減少しているのだから，減少傾向は今後もつづくけれど，本好きや本屋好きはまだまだたくさんいるから，なかなかゼロにはなるまい……と私は思うので，指数曲線での回帰を採用します．

指数曲線で回帰したときの残差平方和と相関係数によってあてはめの良さをチェックしてみると，2次曲線による回帰よりは劣りますが，指数曲線での回帰を破棄するほどのこともなさそうに思います．

もし，いったん減少しはじめると坂道を転り落ちるように勢いが加速すると思う方がおられれば，あてはめの良さが最良である2次曲線で回帰してください．

いまは2010年です．4年くらいあとの統計年鑑などには，2012年の書店の数が発表されるはずです．指数曲線が予測した約14057店と2次曲線で予測した約9454店のどちらが当たるか，興味の尽きないところではありませんか．

いろいろな回帰曲線のおさらい

前節では，だいぶ御託を並べましたが，要するに社会現象や自然現象を予測するときには，その現象の性格にふさわしい回帰曲線を選ぶのが肝腎なのです．では，どのような現象にはどのような回帰曲線がふさわしいのでしょうか．予測のときによく使われる曲線をご紹介していこうと思います．

（1） **直線** 長い期間にわたって直線的に変化するような現象は，この世にはほとんどありません．しかし，ごく近い将来までならほぼ直線的とみなせるような現象なら，いくらでもあります．むしろ，程度の差はありますが，ごく近い将来までならほとんどの現象は直線の延長線上で予測できると考えていいくらいです．その証拠に，4年後の書店の予測でも直線回帰と指数曲線回帰との間に大差はなかったではありませんか．直線回帰には，その簡便さ故に，ごく近い将来の予測には推奨できる手段のひとつです．

（2） **2次曲線** 世の中の現象は，ほとんど曲線的に変化しますから，あまり近くない将来を直線で外挿するのは危険です．そこで現象にふさわしい曲線を探すことになるのですが，ほとんどの曲線は狭い範囲でなら2次曲線で代用しても，誤差はあまり多くはありません．したがって，近い将来を予測するなら2次曲線による回帰も有力な手段です．書店の例では，2次曲線では直線や指数曲線の場合とまるで異なる予測になりましたが，これは，話をおもしろくするために私が見つけてきた極端な例でありました．

なお，3次曲線や4次曲線を使えば，直線や2次曲線よりあてはめの良い回帰ができますが，求めなければならない方程式の変数（パラメータ）がふえると計算が飛躍的に煩雑になるので，おすすめできません．

（3） **指数曲線**「減少の傾向はずっとつづくものの，決してマイナスにはならない現象」を回帰するには

$$y = ba^x \quad (ただし，a<1, b>0) \quad (3.38)と同じ$$

で表わされる指数曲線がぴったりであることは，すでに述べたとおりです．この指数曲線の利用範囲をもう少し拡げましょう．

まず,「減少の傾向はずっとつづくものの,決してある値より小さくはならない現象」は

$$y = ba^x + c \quad (ただし, a<1, b>0) \qquad (3.46)$$

で回帰するのが,ぴったりです.そして,「増加の傾向はずっとつづくものの,決してある値より大きくならない現象」を回帰するなら

$$y = -ba^x + c \quad (ただし, a<1, b>0) \qquad (3.47)$$

とすればいいでしょう.式(3.46)と式(3.47)の曲線が図3.12のようになることについては多弁を要しますまい.

このような指数関数で回帰をしようとするとき,cの値がわかっている場合と,わからない場合があります.たとえばの話,走行中の乗用車に平均してなん人が乗っているかを調べたところ,年とともに,3.4人,2.9人,2.6人,……と減少をつづけているとしましょう.少子化,核家族化が進み,家族でドライブなどといっても,家族の単位が小さくなってきたのでしょう.そうすると平均乗車人数はこれからも,減りつづけるものと思われます.しかしながら,平均乗車人数が1人を切ることはありません.それは

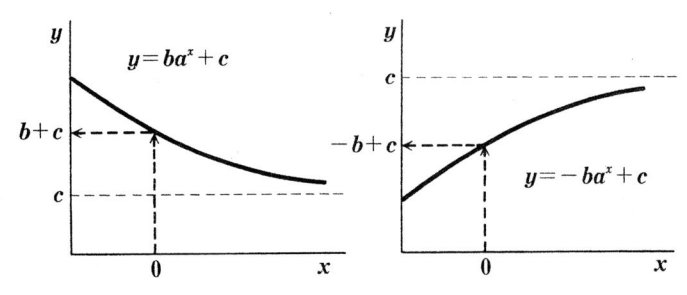

図3.12 $y = \pm ba^x + c \ (a<1, b>0)$の曲線

無人の車が走っていることを意味するからです．つまり，c は 1 なのです．

このように c の値がわかっている場合は，簡単です．あらかじめ y_i の値から c を差し引いたうえで 107～109 ページと同様な計算過程を辿って回帰方程式を求め，最後に，右辺に c を加えてやれば指数曲線の回帰方程式が完成します．

これに対して，c がわかっていないときは一大事です．c もパラメータとみなして回帰式を求めなければならないのですが，前述のように，パラメータの数がふえると回帰式の求め方が急に煩雑になり，素人さんの手に負えなくなっていきます．とはいうものの，減少あるいは増加をつづけたあげく，どの値で落ちつくのかを予測したいことも少なくありません．そこで，c がわからないときに式 (3.46) と式 (3.47) の a, b, c を求める手順を 258 ページの付録 (3) に載せておきました．

（4） **正弦曲線** 周期変動がありそうなときには正弦曲線で回帰しなければなりません．ごく狭い範囲なら 2 次曲線で，もう少し広い範囲なら 3 次曲線で近似できないことはありませんが，半周期を越す範囲では代用できるポピュラーな曲線は見当たりません．正弦曲線（サイン・カーブ）の式を一般的に書くと

$$y = b \sin(c + ax) \tag{3.48}$$

となり，b が振幅，c がスタートの時点，a が周期を決めます．したがって，正弦曲線が非線形であるうえ，パラメータが 3 つもあるので，データの値から最小 2 乗法を使って解析的に a, b, c を決めることは困難です．級数に分解してから数値計算をする方法はありそうですが，実用的とは思えません．仕方がありませんから，第

1章や第2章でご紹介したような手順で回帰することにしましょう.

成長のパターンを示すS字カーブ

　栄枯盛衰は世のならい.学を修め体を錬え,徐々に実力を発揮し,ついには人の上に立った成功者も,いずれは老いて栄光の座を去ってゆきます.快調に売上げを伸ばしてきた製品も,いずれは顧客にゆきわたったりして売上げは頭打ちになり,伸びは止まります.一般に,工業製品の一生は図3.13のような推移を辿るといわれています.このような現象は,このほかにもたくさん見当たります.

　こういうわけですから,揺籃期や成長期のはじめころの,加速的に伸びているデータから将来を予測するときに,うっかりと2次曲線などで回帰しようものなら,製品は今後とも爆発的に売れつづけ,やがて地球上はその製品で満ち溢れてしまうという予測に腰を抜かすはめになります.これは,いけません.すでになんべんも書いてきたように,その現象にふさわしい曲線を選んで回帰しなければいけないのです.

　それでは,はじめはちょろ

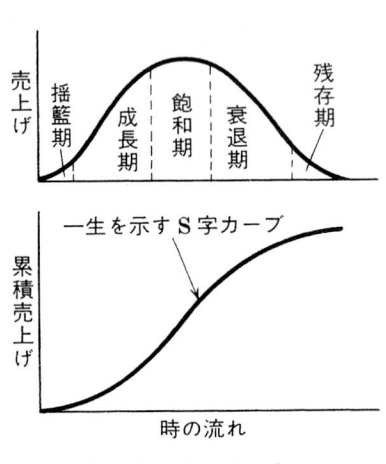

図3.13　製品の一生

ちょろとスタートしたのち急成長に転じ，やがては成長が鈍化して頭打ちになるという現象は，どのような曲線で回帰したらいいでしょうか．そういう曲線の数式モデルを作るために，つぎのように考えていきます．

ある孤島に数つがいのねずみが放されたと思ってください．これから先，ねずみの数はどのように殖えていくでしょうか．まず，生まれる子供の数は現存するねずみの数に比例するはずですから，ねずみの増加率 dy/dx は現存するねずみの数 y に比例します．しかし，y が大きくなりすぎると餌が不足してきますから，強い抑制力が働きます．そして，その抑制力は y が大きくなるほど加速的に強烈でなければ全滅のおそれがありますので，抑制力は y の2乗に比例するとみなします．つまり，増加率 dy/dx は y に比例するプラス効果と y^2 に比例するマイナス効果の両方によって決まると考えるのです．この関係を方程式に書けば

$$\frac{dy}{dx} = ay - \frac{a}{b}y^2 \tag{3.49}$$

と表わされます．右辺2項めの比例定数が a/b と変な形になっているのは，計算結果をきれいにするためですから，気にする必要はありません．この式は，y が x の関数なので，ちょっと，やっかいな微分方程式なのですが，なんとか解いてみると

$$y = \frac{b}{1 + ce^{-ax}} \quad (a,\ b,\ c > 0) \tag{3.50}$$

という形で表わされます．

この式で表わされる曲線を図示したのが図3.14で，**ロジスティック曲線**と呼ばれ，孤島の動物の増殖，耐久消費財の普及率，

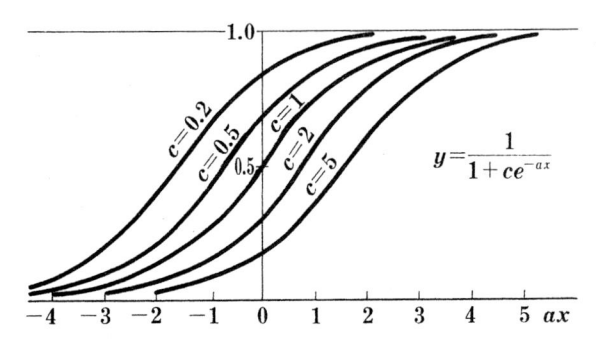

図3.14 ロジスティック曲線(上下が対称のS字カーブです)

流行商品の累計販売数などの現象を回帰するのにふさわしいと定評のある曲線です.「はじめちょろちょろ,なかぱっぱ,あとは静かにしめくくり」という成長の過程を示すS字カーブを,どうぞ,ごらんください.

図3.14では,式(3.50)右辺の分子にある b を1としてあります. y の値は b に単純に比例しますし, y の最大値は b ですから,代表として $b=1$ の場合を図示したわけです.また,図からわかるように, c の値はS字カーブの位置を決める役目をしているにすぎません.もし, y が1/2になるときの ax の値をゼロとするなら, $c=1$ となって,式(3.50)はいっそう簡単になります.

さて,成長の途中までに得たデータをロジスティック曲線で回帰し,将来の成長過程を予測するには,どうすればいいでしょうか.式(3.50)の両辺の逆数をとると

$$\frac{1}{y}=\frac{1+ce^{-ax}}{b}=\frac{1}{b}+\frac{c}{b}e^{-ax} \tag{3.51}$$

となりますから,ここで

$$\frac{1}{y}=Y, \quad \frac{1}{b}=B, \quad \frac{c}{b}=-C, \quad e^{-a}=A$$

とおいてみてください．式(3.51)は

$$Y=B-CA^x \tag{3.52}$$

と直ります．ところが，この式の形は116ページの式(3.47)と同じなのです．そこで，式(3.47)のときと同じように付録(3)の手順で A, B, C が求められ，それを式(3.52)で逆算すると a, b, c がわかるので，ロジスティック曲線の回帰式も確定できるというものです．

とはいうものの，です．数字の取扱いでめしを食っているわけではない私たちとしては，いちいち付録まで参照しながら回帰方程式を決め，それを使って予測をするような煩わしい手順には付き合っておれません．そこで，ふつうは，次節のような便法を使います．

ロジスティック曲線で回帰してみる

ロジスティック曲線のそもそもの式(3.49)に立ち戻ります．

$$\frac{dy}{dx}=ay-\frac{a}{b}y^2 \qquad \text{(3.49)と同じ}$$

私たちが集めるデータは，ある瞬間の変化率ではなく，一定の期間内に，つまり Δx という比較的短い有限の時間内に y がどう変化したかのデータですから，dx の代りには Δx を，dy の代りには Δy を使うのが現実的です．そこで，式(3.49)を現実的な式に直すと

$$\frac{\Delta y}{\Delta x} \fallingdotseq ay-\frac{a}{b}y^2 \tag{3.53}$$

となります.ここで、Δx は1時間とか1日、1週間、1カ月のような単位を選ぶことにして Δx を1とするとともに、両辺を y で割ります.

$$\frac{\Delta y}{y} = a - \frac{a}{b}y \tag{3.54}$$

こうすると、$\Delta y/y$ という値が y の1次関数となりますから、式(3.54)は直線で表わされます.直線で回帰できるとなれば、しめたものです.きっと、ロジスティック曲線での回帰を直線回帰で代用できるにちがいありません.

例題を見てください.ある製品の売上げが表3.12のように推移したとします.時間帯は週か月ぐらいが単位だと思っていただきましょう.1番めの時間帯までの累積売上げは、もちろんゼロです.そして、その時間帯に製品が2だけ売れました.2は、2トンでも2,000個でもかまいません.

2番めの時間帯では、それまでの累積売上げ y が2であり、その時間帯の売上げ Δy が4だったので、$\Delta y/y$ の値は2.00です.このようにして、7番めの時間帯までの売上げのデータが表3.12の

表3.12 こういうデータがあるとする

時間帯	累積売上げ y	売上げ Δy	$\Delta y/y$
1	0	2	——
2	2	4	2.00
3	6	6	1.00
4	12	10	0.83
5	22	17	0.77
6	39	25	0.64
7	64	29	0.45

3. トレンド解析から予測へ　　**123**

ように揃いました．売上げの推移がロジスティック曲線で近似できるものとして，今後の売上げの推移を予測してください．売上げは，いつごろピークを迎えるでしょうか．ピークまでの累積売上げ高は，いくらでしょうか．

まず，式(3.54)によって売上げのデータを直線回帰するために，横軸を y，縦軸を $\Delta y/y$ としたグラフ用紙にデータをプロットしてみてください．図 3.15 の上半分の点がそれであり，点にふってある数字がデータの時間帯を示しています．ここには時間帯 1 と 2 の

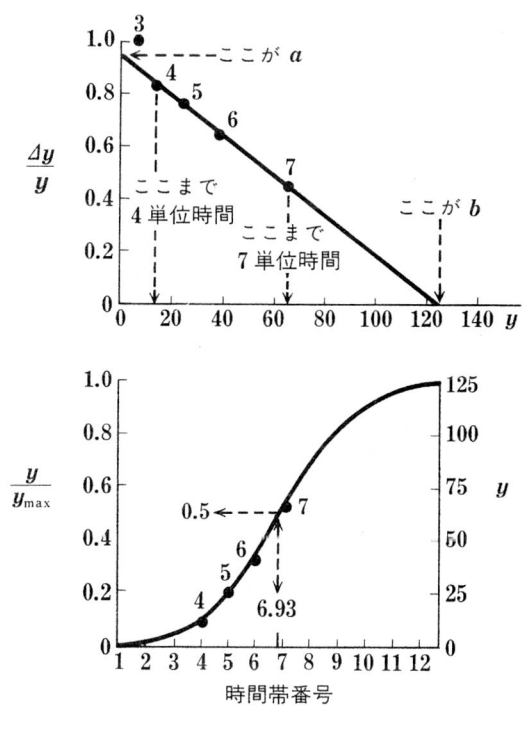

図 3.15　このように予測する

データが記入してありません.時間帯1では$\Delta y/y$のデータがないからですが,時間帯2のデータはこのグラフに記入できないくらい,とび外れたデータだからです.

実は,ロジスティック曲線は,指数曲線と同じように,左すそはどんどんとゼロに近づきながら限りなく左へ伸びているのに,現実の現象はある時点でゼロから立ち上がるので,左すそのあたりでは数学モデルが現実の現象とうまく合いません.それに加えて,立上りのあたりではデータの数が少なく誤差の影響も受けやすいので,左すそのあたりのデータは回帰に使えないことが多いのです.時間帯3のデータにも,その気配があります.

図を見ていただくと,時間帯3のデータを除くと,あとのデータはほぼ直線上に並んでいるようです.そこで,4から7までの4個のデータから90ページあたりと同じ手順で最小2乗法による回帰直線を求めると

$$\Delta y/y = 0.926 - 0.0074\,y \tag{3.55}$$

となりました.

さあ,これでいろいろなことが判明します.まず,$\Delta y/y$がゼロになるところは売上げが止まったことを意味しますから,そのときのyがyの最大値です.式(3.55)によって

$$\Delta y/y = 0 \quad \text{のとき} \quad y \fallingdotseq 125 \quad (y_{\max}と書く) \tag{3.56}$$

ですから,累積売上げは125で止まると予測されます.

つぎに,このグラフと横軸を揃えて回帰ロジスティック曲線を書いてみましょう.横軸には私たちが採用した時間帯の番号をとり,縦軸に$y/y_{\max}$をとってください.と軽く言いますが,実は横軸に時間帯の番号を刻むのには少しばかり頭を使います.それにはロジ

スティック曲線の式(3.50)において b も c も 1 とした簡潔な式

$$y/y_{\max} = \frac{1}{1+e^{-ax}} \quad (a>0) \tag{3.57}$$

を利用しながら時間帯番号と ax の関係を見つけるのがいいでしょう．ここで左辺を $y/y_{\max}$ としてあるのは，この値の最大値が 1 であり，図 3.14 で $c=1$ の場合と合致するからです．

さて，私たちのデータは 3 番から 7 番までがほぼ直線上に並んでいましたから，ここの区間を手掛かりとして使います．そして，式(3.57)について必要な部分を数表にした表 3.13 を見ながら頭を使っていきます．時間帯番号は # で表わすことにすると

#4 で $y/y_{\max} = 12/125 = 0.096$ ax は -2.24

表 3.13 ロジスティック曲線のあてはめ

$$\left(y/y_{\max} = \frac{1}{1+e^{-ax}}\right)$$

時間帯番号	$y/y_{\max}$	ax
1	0.01	-4.53
2	0.02	-3.77
3	0.05	-3.00
4	**0.096**	**-2.24**
5	0.19	-1.48
6	0.33	-0.71
6.93	**0.50**	**0.00**
7	**0.512**	**0.05**
8	0.69	0.81
9	0.83	1.58
10	0.91	2.34
11	0.96	3.10
12	0.98	3.87
12.89	0.99	4.55

♯7 で $y/y_{\max}=64/125=0.512$ ax は 0.05

したがって，時間帯番号の間隔を ax に換算すると

$$(0.05+2.24)/3=0.763$$

となります．

いっぽう，ロジスティック曲線は上下，左右に対称ですから，へその位置は $y/y_{\max}$ が 0.5 であるとともに，横軸のほうでは ax 換算の目盛はゼロで，しかも横軸の中央でなければなりません．したがって，横軸の目盛は図 3.16 のような位置関係にあるはずです．このうち，横軸の中央に位置すべき時間帯番号は♯6 と♯7 の間を比例配分すれば，6.93 と決まります．

ここまでくれば，しめたもの……．時間帯番号の中心が 6.93 ですし，横軸目盛の左端が♯1 ですから，中心から左端までに時間帯は 5.93 区画あります．したがって，横軸全体はその 2 倍の 11.86 に区分して時間帯の目盛を刻めばいいはずです．こうして刻まれた目盛が図 3.15 の下図の横目盛です．そして，この目盛を ax に換算した値で $y/y_{\max}$ の値を読みながら曲線を描くと，図 3.15 下図の

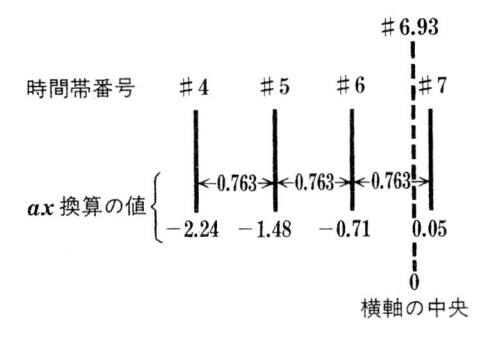

図 3.16 横軸の目盛はこうして決める

ようなロジスティック曲線が出来上がります。これが私たちが探し求めてきた回帰曲線でした。

これを見ると、今後の見通しがかなりはっきりと予測できるではありませんか。#7の時間帯にある現在は、ちょうどロジスティック曲線のへそを過ぎたところです。したがって、いままで上向きに推移した売上げは、これからは下向きに変わり、いままでの経過時間よりいくらか近い将来には売上げがストップしてしまいそうです。それまでの総売上げは125……. さあ、これに代る製品の開発を急がなければなりません。

ゴンペルツ曲線もS字カーブ

この章では、過去の傾向をうまくなぞって将来を外挿するために使われる曲線として、直線、2次曲線、指数曲線、正弦曲線、ロジスティック曲線と話を進めてきました。このうち、直線から正弦曲線までの4種類は、いろいろな分野で使われている曲線の中から予測にふさわしいものを拝借して利用したにすぎませんが、ロジスティック曲線は社会現象の性格を模擬して予測のために作り出した曲線です。予測のために作り出したといえば、ゴンペルツ曲線のほうもご紹介を省くわけにはいきません。

ロジスティック曲線のときには、増加率 dy/dx が y に比例するプラス効果と y^2 に比例するマイナス効果の和によって決まる現象を想定して

$$\frac{dy}{dx} = ay - \frac{a}{b}y^2 \qquad (3.49)と同じ$$

という方程式をたてたのでした．これに対して，今回は

$$\frac{dy}{dx} = ay \cdot be^{-bx} \tag{3.58}$$

という現象を想定しましょう．つまり，y の増加率 dy/dx が，y に比例するプラス効果と x につれて指数曲線的に減少するマイナス効果の積によって決まるような現象にふさわしい回帰曲線を作り出そうというわけです．なお，この式の右辺に比例定数が2つもついているのは，計算結果をきれいにするためですから，気にしないでください．

この式も，なかなかやっかいな微分方程式なのですが，なんとかして解いてみると

$$y = ce^{-ae^{-bx}} \tag{3.59}*$$

という，おどろおどろしい3階建ての解にいきつきます．

この式で表わされる曲線を**ゴンペルツ曲線**と呼びます．ゴンペルツ曲線は，人間の老化現象を研究して作られたのだそうです．人間の寿命の分布は左右対称の

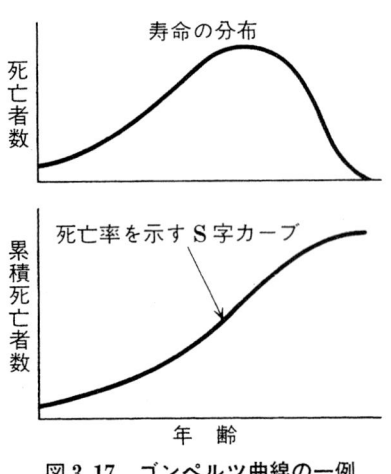

図3.17 ゴンペルツ曲線の一例

---

* 式(3.59)は，$ae^{-bx} = a(e^b)^{-x} = \beta^{-x}$ などの性質を利用して

$$y = k \cdot \alpha^{-\beta^{-x}}$$

と書き直すこともできます．このほうが，おどろおどろしさが多少は軽減されるでしょうか．

正規分布ではなく，図3.17の上半分のように，若いうちは死亡者数が年齢とともに徐々に増加するにすぎませんが，老化がすすむ年代にはいると急に死亡者がふえ，やがて生存者がゼロになるという理由で死亡者の数もゼロになってしまいます．

つぎに，ある年齢までに死亡した人数を累積してグラフに描いたものが図3.17の下半分です．この図では縦軸を累積死亡者数としてありますが，それを総人数で割れば累積死亡率になることはもちろんです．このS字カーブは，死亡者数の分布が左右対称でないために，上下，左右とも対称ではありません．したがって，ロジスティック曲線をあてはめるには無理があります．そこで，このような現象を回帰するために考案されたのがゴンペルツ曲線というわけです．

では，式(3.59)で表わされるゴンペルツ曲線でデータを回帰する方法に話を進めましょう．式の形がおどろおどろしい割には，使い方はむずかしくありません．ロジスティック曲線のときとほとんど同じです．

まず，ゴンペルツ曲線の式(3.59)の対数をとってみてください．

$$\log y = \log c - ae^{-bx} \tag{3.60}$$

となりますから，ここで

$$\log y = Y, \quad \log c = C, \quad e^b = B$$

とでも書き代えることにしましょう．そうすると式(3.60)は

$$Y = C - aB^{-x} \tag{3.61}$$

となります．この式の形は，指数曲線の式(3.47)やロジスティック曲線から導き出した式(3.52)と同じではありませんか．したがって，付録(3)の手順で定数が求められ，ゴンペルツ曲線による回帰

式が確定できるはずです.

つぎには,式(3.60)を x で微分してみてください.

$$\frac{d}{dx}(\log y) = abe^{-bx} \tag{3.62}$$

ところが,式(3.60)によって

$$ae^{-bx} = \log c - \log y \tag{3.63}$$

なのですから,つまり

$$\frac{d}{dx}(\log y) = b \log c - b \log y \tag{3.64}$$

です.ここで,121ページと同じ思想によって,dx の代りに $\varDelta x$ を,$d(\log y)$ の代りに $\varDelta \log y$ を使うとともに,$\varDelta x$ を1とすれば

$$\varDelta \log y = b \log c - b \log y \tag{3.65}$$

という関係が浮かび上がります.見てください.この式は $\varDelta \log y$ と $\log y$ とが直線の関係にあることを示しています.したがって,123ページの図3.15のときと同じように,データから求めた y を横軸に,データから求めた $\varDelta \log y$ を縦軸にとれば,データは直線で回帰できるにちがいありません.くどくなりますから例題は省きますが,こうして,ロジスティック曲線のときと似たような手順で,ゴンペルツ曲線による回帰もできることがわかりました.

最後に,ちょっとだけ付言させていただきましょうか.ロジスティック曲線とゴンペルツ曲線は,促進要因と抑制要因のバランスによって「はじめちょろちょろ,なかぱっぱ,あとは静かにしめくくり」という性格を備えた現象を回帰し,予測するために作り出されたS字カーブでした.ところが,S字カーブといえば,**正規曲線**を思い出さないわけにはいきません.釣鐘を伏せたような正規分

布を左端から積分して描き出されるS字カーブのことです.

この正規曲線については数表も完備していますし,また,正規曲線を直線に修整して描くための正規確率紙なども容易に入手が可能です.そこで,S字カーブを描くような現象を回帰したり予測したりするときには,あてはめの良さがいくらか落ちるのはがまんして,正規曲線を利用するのもなかなかの方法です.

予測をどこまで信用するか

この章で私たちは,過去のデータをうまくなぞった曲線を将来へ延長することによって,将来の値を予測してきました.こうして求めた予測の値は,どのくらい信用できるものなのでしょうか.

残念ながら,この答えはたいへんにややこしいのです.なにしろ,データの数やばらつき,回帰に用いた曲線の種類やあてはめの良さ,予測時点の遠近,予測値が存在し得る領域についての制限の有無などによって予測値に対する信用の度合いが変わるので,ひとすじ縄ではいきません.

とはいうものの,せっかく最小2乗法などを使って回帰曲線を求め,やっと将来の予測をしたというのに,その予測がどのくらい信用できるかが皆目わからないようでは,予測の行為そのものの存在意義が問われかねません.そこで,もっとも単純な一例について,予測値の信用の度合いを図3.18に描いてみました.

この図は,84ページの表3.1でご紹介した書店の数の推移を,最小2乗法を使って

$$y = -574.3x + 20677 \qquad (3.17)と同じ$$

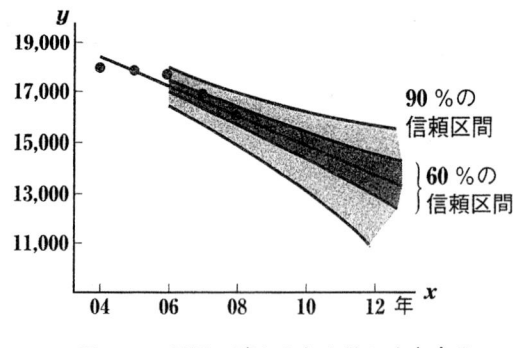

図3.18 予測の確からしさはこんなもの

という回帰直線を求め，その直線で外挿して図3.4のように将来の書店の数を予測した例題を再登場させたものです．図3.4の場合には，延長した直線の線上で将来の値を読み，「2012年には約13800店」と予測したものでした．このような予測は，推測統計学の点推定に相当するので**点予測**といわれることもあります．

これに対して，図3.18では，推測統計学の区間推定のように，区間をもうけて予測しています．このような予測は**区間予測**と呼ばれることは，お察しのとおりです．図によれば

 2012年における書店の数の90%信頼区間は

   約 12305〜15266

 2010年における書店の数の60%信頼区間は

   約 14557〜15311

と予測される，というわけです．*この90%とか60%という値は信頼水準とも呼ばれるので，90%の信頼水準で予測するなら2012年には約12305〜15266軒の間にある，という言い方もできるでしょう．

区間推定の場合もそうであるように，信頼区間の幅は予測の精度を意味するし，信頼水準は予測の確度を意味しますから，精度を上げれば確度は落ちるし，確度を上げれば精度が下がるというジレンマは，どうしても避けようがありません．

　書店の場合，ほんとうは，店数がマイナスにはならないとの制約があるのですが，いまは計算を単純にするために，その制約を無視して計算し，図示しました．この制約を計算に採り入れるには，いろいろな考え方や扱い方があり，とても付き合ってはおれませんから．

　それにしても，書店の数の区間予測は，いささか粗っぽすぎると思いませんか．2012年には約12305〜15266軒などという幅では，予測したうちに入らない気もします．このように予測の精度が悪いのは，データがたった5つしかないからです．データの数がもっと多くなれば予測の精度が向上するにちがいありません．そこで，直線回帰ばかりではなく，曲線回帰も含めて予測の精度に影響しそうな項目を列挙してみようと思います．

　（1）データの数：データの数がふえると，おおむね，その平方根に比例して予測の精度が向上します．つまり，データの数を4倍にすれば，予測区間は約1/2に縮小します．

　（2）残差：残差平方和(101ページ)を小さくすると，おおむ

＊　直線回帰の場合，x 時点における y の値の分散の推定値 $\hat{\sigma}^2$ は

$$\hat{\sigma}^2 = \frac{\sum \varepsilon_i^2}{n-2}\left\{1 + \frac{1}{n} + \frac{(x-\bar{x}_i)^2}{\sum(x_i-\bar{x})^2}\right\}$$

で表わされます．あとは，自由度 $n-2$ の t 分布表によって，所望の信頼区間を求めることができます．

ね，その平方根に比例して予測の精度が向上します．残差平方和は，データに固有の誤差変動と回帰曲線の選び方によって決まりますが，前者は変えようがありませんから，あ̇て̇は̇め̇のいい回帰曲線を選ぶ努力が必要になります．

（3） 予測時点： 予測時点が遠くなるにつれて，おおむね，その2乗に比例して予測の精度が悪くなると思ってください．あまり遠い将来のことは人間には予測できないと考えておいたほうが無難なようです．

これで，過去の傾向を曲線で回帰し，その延長線上で将来を読むための章を，一応，締めくくろうと思います．いやはや，しんどい道中でした．

4. 重回帰で予測する

予測は,いつも時系列の流れに沿ってだけ必要になるとは限りません.時間的にも空間的にも交錯している事象について,ある位置の情報が欠落している場合,周辺の情報をもとに欠落している情報を作り出す必要に迫られることもあります.しかも,周辺の情報が数値ではなく分類で与えられていることも珍しくありません.そのような場合には,時系列に沿った予測とはひと味ちがうアプローチが必要になります.

2つの現象で3つめの現象を回帰する

「しつこい坊主に檀那がない」などと申しまして，しつこいと人にきらわれるのは世のならいなのですが，それでも，もういちど言わせていただきます．過去の傾向を調べ，それを未来へ延長して未来の姿を予測するのが，予測の基本です．そのために第1章から第3章まで，この本の半分以上を，過去の傾向を調べるためのトレンド解析と，それを未来へ延長するための外挿の手法に費やしてきました．そして，例題として使ったテーマはおのずから時系列のデータでした．

しかしながら，7ページあたりで触れたように，私たちの社会生活の中で予測の対象となる現象は，まさに多種多様です．とくに，既知の情報で未知の情報を推し測ることを「予測」と拡大解釈するなら，問題解決のために使われるほとんどの手法が予測であるといっても過言ではないくらいです．そこで，この章では，時系列データの未来への延長から少し脱皮したテーマを採り上げてみたいと思います．

架空の話なのですが，あるレストランの経営者が，生ビールの売上げを予測するための簡単な式を作ろうとしていると思ってください．せっかく前章までとは一味ちがう予測に移ろうとしているのに，あい変わらず生ビールのような下世話な題材から離れられないのは，私の品性のせいでしょうか．まさに，文は人，なのかもしれません．

くだんの経営者の実感では，生ビールの売上げは気温が高くなるほど多く，また，湿度は少ないほどよく売れるように感じます．そ

こで，1日の売上げ杯数とその日の気温と湿度の記録をとってみました．それが，表4.1です．このデータから，翌日の気温と湿度の予報値を知ったうえで，翌日のビールの売上げを予測する式を作りたいのですが，どうしたらいいでしょうか．

表4.1に示された6つのデータの傾向を読むための常套手段は，まず，グラフを描いてみることです．しかし，前の章まではxにつれてyの値が変化する現象が相手でしたので平面上にグラフが描けましたが，こんどはxとyにつれてzの値が変化するので，

表4.1 こういうデータを揃えた

売上げ z_i	気温 x_i	湿度 y_i
32	10°C	50%
87	20	22
41	20	70
71	22	40
73	25	52
104	35	48

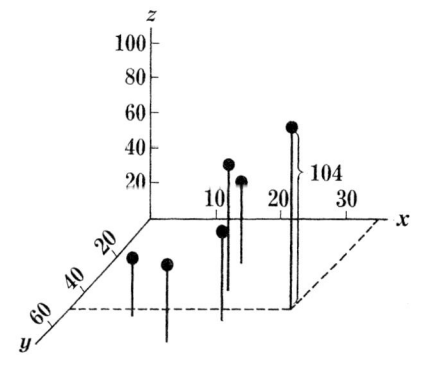

図4.1 傾向が読める？

平面上にグラフを描くことができません．強いて視覚に訴えようとするなら，図4.1のようなえせ立体グラフを描かなければならないでしょう．

えせ立体図を描いては見たものの，データを表わす6つの黒点がどのような傾向に並んでいるかを直感的に読みとるのは至難の業のようです．とても傾向をうまくなぞるような曲面をめのこで書き込むことなど，できそうもありません．たとえ，x-y平面に虫ピンでも立てて，虫ピンの長さでzの値を表現するなど，本ものの立体図形を製作したとしても，回帰曲面をめのこで作り込むのは，かなりむずかしいでしょう．したがって，変数が3つもある場合には，いきおい，数学の力を借りることになってしまいます．

さて，前章までと同じように，これらのデータを回帰する方程式を作りましょう．そうすればその式のxとyに明日の気温と湿度の予報値を代入すれば，zの値が明日のビールの売上げを教えてくれるはずですから．ただし，こんどは変数が3つもあるので，いままでのように1本の曲線で回帰することはできません．どうしても曲面で回帰しなければならず，そのぶんだけ式が複雑になるのが泣きどころです．

曲面の中でいちばん簡単なのは平面ですから，私たちはデータを平面で回帰することにしましょう．回帰平面を求める筋書きは，回帰直線を求めた86〜90ページのときと同じように進行します．

図4.2を見てください．これは直線回帰のときの図3.3(86ページ)に相当する図なのですが，図を見やすくするためにデータの位置を表わす黒点は1つだけを代表として記入してあります．そして，ぜんぶのデータの位置を回帰するような平面

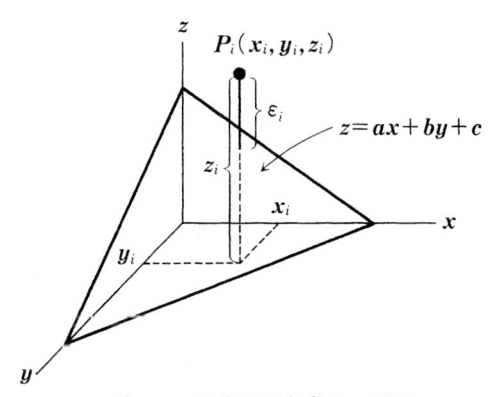

図 4.2 回帰平面を求める原理

$$z = ax + by + c \tag{4.1}$$

が書き入れてあります.

もし, データの位置がこの平面上にあるなら

$$z_i = ax_i + by_i + c \tag{4.2}$$

となるはずですが, あいにくなことに, この点は平面から z 軸方向に ε_i だけ離れているとすれば

$$z_i = ax_i + by_i + c + \varepsilon_i \tag{4.3}$$

であり, つまり

$$\varepsilon_i = z_i - ax_i - by_i - c \tag{4.4}$$

なのです. そして, この関係は, すべてのデータについて成立します. そこで私たちは, 最小2乗法の考え方に基づき, すべてのデータについての $\varepsilon_i{}^2$ の合計

$$\sum \varepsilon_i{}^2 = \sum (z_i - ax_i - by_i - c)^2 \tag{4.5}$$

が最小になるように a, b, c の値を決めることにしましょう. そのためには

$$\frac{\partial}{\partial a}\sum \varepsilon_i{}^2 = 0$$

$$\frac{\partial}{\partial b}\sum \varepsilon_i{}^2 = 0 \quad \quad (4.6)$$

$$\frac{\partial}{\partial c}\sum \varepsilon_i{}^2 = 0$$

を連立して解けばいいはずです．

この計算はむずかしくはありませんが，やたらに長い運算がつづきますので，途中経過をはしょって結論だけをご紹介しましょう．

$$\frac{1}{n}\sum(x_i-\bar{x}_i)^2 = S_x{}^2$$

$$\frac{1}{n}\sum(y_i-\bar{y}_i)^2 = S_y{}^2 \quad \quad (4.7)$$

$$\frac{1}{n}\sum(z_i-\bar{z}_i)^2 = S_z{}^2$$

$$\frac{1}{n}\sum(x_i-\bar{x}_i)(y_i-\bar{y}_i) = S_{xy}$$

$$\frac{1}{n}\sum(y_i-\bar{y}_i)(z_i-\bar{z}_i) = S_{yz} \quad \quad (4.8)$$

$$\frac{1}{n}\sum(x_i-\bar{x}_i)(z_i-\bar{z}_i) = S_{xz}$$

と書けば*

$$a = \frac{S_{xz}S_y{}^2 - S_{xy}S_{yz}}{S_x{}^2 S_y{}^2 - S_{xy}{}^2} \quad \quad (4.9)$$

---

* $S_x{}^2$ は x_i の分散と呼ばれることはご承知のとおりで，これを $\sqrt{}$ に開いたものが x_i の標準偏差です．また，S_{xy} は x_i と y_i の共分散と呼ばれています．

$$b=\frac{S_x{}^2 S_{yz}-S_{xy}S_{xz}}{S_x{}^2 S_y{}^2-S_{xy}{}^2} \tag{4.10}$$

となります．また，aとbが求まれば，cは

$$c=\bar{z}-a\bar{x}-b\bar{y} \tag{4.11}$$

によって計算することができます．*こうしていくつかのデータの値を回帰する平面の方程式

$$z=ax+by+c \qquad\qquad (4.1)と同じ$$

のa，b，cの値をデータの値から計算する術を手に入れましたので，節を改めて，ビールの売上げ予測に話を戻しましょう．

実例にあてはめてみる

私たちは，137ページの表4.1のようなデータを手に，任意の気温xと湿度yの組合せにおける生ビールの売上げzを予測する式を作ろうとしているところでした．前節の努力の甲斐あって，いくつかのデータを平面で回帰する方程式の求め方を知りましたので，さっそく実地に応用してみようと思います．

---

* 式(4.9)と式(4.10)は，行列式を使えば

$$a=\frac{\begin{vmatrix} S_{xz} & S_{xy} \\ S_{yz} & S_y{}^2 \end{vmatrix}}{\begin{vmatrix} S_x{}^2 & S_{xy} \\ S_{yx} & S_y{}^2 \end{vmatrix}}, \qquad b=\frac{\begin{vmatrix} S_x{}^2 & S_{xz} \\ S_{yx} & S_{yz} \end{vmatrix}}{\begin{vmatrix} S_x{}^2 & S_{xy} \\ S_{yx} & S_y{}^2 \end{vmatrix}}$$

と表わされます．また，$S_{xy}=S_x S_y r_{xy}$などの関係によって

$$a=\frac{S_z}{S_x}\cdot\frac{r_{xz}-r_{xy}r_{yz}}{1-r_{xy}{}^2}, \qquad b=\frac{S_z}{S_y}\cdot\frac{r_{yz}-r_{xy}r_{xz}}{1-r_{xy}{}^2}$$

とすることもできます．

まず，表4.1のデータから式(4.9)と式(4.10)によってaやbを計算するに必要な$S_x{}^2$, S_{xy}などを求めなければなりません．その作業は表4.2のように実行されます．この表は数字がいっぱいで，ややこしそうに見えますが，誰がやっても20分とはかからないでしょう．

では，こうして求めた$S_x{}^2$, S_{xy}などの値を式(4.9)，式(4.10)，式(4.11)に代入してください．

$$a = \frac{S_{xz}S_y{}^2 - S_{xy}S_{yz}}{S_x{}^2 S_y{}^2 - S_{xy}{}^2} \fallingdotseq \frac{155 \times 206 - 0.667 \times 194}{55 \times 206 - 0.667^2}$$

$$\fallingdotseq \frac{31930 - 129}{11330 - 0.4} \fallingdotseq 2.8 \tag{4.12}$$

$$b = \frac{S_x{}^2 S_{yz} - S_{xy}S_{xz}}{S_x{}^2 S_y{}^2 - S_{xy}{}^2} \fallingdotseq \frac{-55 \times 194 + 0.667 \times 155}{55 \times 206 - 0.667^2}$$

$$\fallingdotseq \frac{-10670 + 103}{11330 - 0.4} \fallingdotseq -0.93 \tag{4.13}$$

$$c = \bar{z} - a\bar{x} - b\bar{y}$$
$$= 68 - 2.8 \times 22 + 0.93 \times 47 \fallingdotseq 50 \tag{4.14}$$

こうして，6つのデータから得た回帰方程式は

$$z = 2.8x - 0.93y + 50 \tag{4.15}$$

となりました．作業は，めでたく完了です．

いや，作業は完了ではありません．私たちは予測をするために回帰方程式を追い求めてきたのでした．回帰方程式ができたところで有頂天になっているようでは，手段の獲得に努力しているうちに目的を忘れてしまった，なんとかの慰なにがしを笑えないではありませんか．

4. 重回帰で予測する

表 4.2 回帰平面の式を求めるための作業

x_i	$x_i-\bar{x}_i$	$(x_i-\bar{x}_i)^2$	y_i	$y_i-\bar{y}_i$	$(y_i-\bar{y}_i)^2$	z_i	$z_i-\bar{z}_i$	$(z_i-\bar{z}_i)^2$	$(x_i-\bar{x}_i)$ $\times(y_i-\bar{y}_i)$	$(y_i-\bar{y}_i)$ $\times(z_i-\bar{z}_i)$	$(x_i-\bar{x}_i)$ $\times(z_i-\bar{z}_i)$
10	−12	144	50	3	9	32	−36	1296	−36	−108	432
20	−2	4	22	−25	625	87	19	361	50	−475	−38
20	−2	4	70	23	529	41	−27	729	−46	−621	54
22	0	0	40	−7	49	71	3	9	0	−21	0
25	3	9	52	5	25	73	5	25	15	25	15
35	13	169	48	1	1	104	36	1296	13	36	468
計 132		330	282		1238	408		3716	−4	−1164	931
$\bar{x}_i=22$		$S_x{}^2=55$	$\bar{y}_i=47$		$S_y{}^2=206.\dot{3}$	$\bar{z}_i=68$		$S_z{}^2=619.\dot{3}$	$S_{xy}=-0.6\dot{6}$	$S_{yz}=-194$	$S_{xz}=155.1\dot{6}$

(注) $S_y{}^2=206.3$ は,206.333…と一つづく無限循環小数を表わしています。ほかの場合も同じです。

なお,式(4.12)などでは,有効数字の4桁めを四捨五入して3桁に揃えたので,$S_{xy}=-0.66$ は−0.667 として あります。

そこで，いくつかの予測をしてみようと思います．まず，夏期に多くありえそうな気温30℃，湿度60%の日には生ビールはどのくらい売れるでしょうか．式(4.15)の x に30, y に60を代入すると

$$z = 2.8 \times 30 - 0.93 \times 60 + 50 \fallingdotseq 78 \tag{4.16}$$

なので，78杯くらいと予測されます．また，木枯しの吹く5℃，20%の日はどうでしょうか．

$$z = 2.8 \times 5 - 0.93 \times 20 + 50 \fallingdotseq 45 \tag{4.17}$$

と出ますので，寒い割には乾燥しているのが幸いして，売上げはあまり落ちないようです．

このように，気温と湿度のあらゆる組合せの下で，どれだけ生ビールが売れるかを予測することが可能になりました．こんどこそ，ほんとうに作業完了です．

ところで，いまの例を振り返ってみていただけませんか．5℃，20%の日については，5℃という値は10～35という気温のデータからはみ出していますし，20%という値も22～70という湿度のデータの外にありますから，回帰平面で外挿して予測をしたといっても，おかしくありません．これに対して，30℃, 60%の場合には，30℃も10～35という気温のデータの範囲内にあるし，60%も22～70という湿度のデータの範囲内ですから，外挿して予測したとはいえません．内挿という用語は，日常的にはあまり使われないかもしれませんが，この場合は**内挿**という以外に適切な表現がなさそうです．そして，予測は外挿するばかりではなく，内挿が必要なことも少なくないようです．

前節からこの節にわたって，私たちは，x と y という2つの変数で z を回帰してきました．このように，2つ以上の変数で他の変

数を回帰することを**重回帰**といいます．これに対して，前章までのように，1つの変数で他の変数を回帰することは，**単回帰**といわれます．*

重回帰の効果を見よ

気温 x と湿度 y につれて変化する生ビールの売上げ z の値について，私たちは6つのデータから

$$z = 2.8x - 0.93y + 50 \qquad (4.15)と同じ$$

という回帰式を作りましたので，x と y のあらゆる組合せについて z を予測することが可能になりました．予測という観点からみればこれで一件落着なのですが，もう少し広い観点からこの式の意味に迫ってみたいと思います．

そもそも，生ビールの売上げを気温と湿度によって予測しようと考えたのは，生ビールの売上げ z が気温 x とともに変化する傾向が強く，同時に，湿度 y とともに変化する傾向も強いように感じたからです．つまり，言葉を変えれば，z と x の間には強い相関があると同時に z と y の間にも強い相関があると感じていたことになります．この感じは，正しかったのでしょうか．

まず，表4.1のデータから x_i と z_i の間の相関係数を求めてみましょう．相関係数は

---

* 第3章で，y を x の2次曲線で回帰したことがありました．そのときの式(3.29)とこの節の式(4.6)とは，まったく同じです．したがって，2次曲線による単回帰は x^2 と x による重回帰と同じ性格を持っていることになります．

$$r_{xz} = \frac{\sum (x_i - \bar{x}_i)(z_i - \bar{z}_i)}{\sqrt{\sum (x_i - \bar{x}_i)^2 \cdot \sum (z_i - \bar{z}_i)^2}} \qquad (2.34) もどき$$

で計算できますし,この計算に必要な値はすでに143ページの表4.2で求めてありますから,たちどころに

$$r_{xz} = \frac{931}{\sqrt{330 \times 3716}} \fallingdotseq 0.84 \qquad (4.18)$$

であることがわかります.なるほど,x_i と z_i との間には強い正の相関があります.x によって z を予測しようと考えたのは正しい選択でした.

では,y_i と z_i の相関のほうは,どうでしょうか.表4.2によって

$$r_{yz} = \frac{-1164}{\sqrt{1238 \times 3716}} \fallingdotseq -0.54 \qquad (4.19)$$

となります.したがって,y が増えれば z は減るという負の相関がほどほどの強さで存在しており,z を予測するためには y も無視できない変数であることがわかります.すなわち,気温 x と湿度 y 以外にも z に大きな影響を及ぼす要因があるか否かは別問題として,少なくとも,x と y を z を予測するために採用したことは正しかったといえるでしょう.

ところで,x_i と y_i の相関については,どう考えればいいのでしょうか.もし,x と y の相関が1か-1であれば,つまり,x と y とが完全に連動しているなら,z を予測するために x と y の両方を使う必要はなく,どちらか片方でじゅうぶんです.たとえば,x が ℃ で表わされた温度,y は °F で表わされた温度なら,x と y の相関は1であり,z を予測するために x と y の両方を使う必要がな

く，どちらか片方だけでじゅうぶん，のようにです．こういうわけですから，x と y の相関が正か負に強ければ，z の予測に x と y の両方を使うのは効果的とはいえません．

これに対して，x と y の相関がゼロに近ければ，x の z に対する影響と y の z に対する影響とがそれぞれ独立に効いているのですから，z の予測のために x と y の両方を使うのは効果的です．表4.2の値を借りて x と y の相関係数を計算してみると

$$r_{xy} = \frac{-4}{\sqrt{330 \times 1238}} \fallingdotseq -0.006 \qquad (4.20)$$

であり，これは r_{xz} や r_{yz} と較べれば限りなくゼロに近い値です．したがって，z を予測するために x と y の両方を採用したのは正しい判断であったわけです．

さて，このような正しい判断に基づいて z を x と y で回帰し，

$$z = 2.8x - 0.93y + 50 \qquad (4.15) と同じ$$

という予測にも使える方程式が作られたのですが，この式で予測される z と現実に観察された z_i との間には，どのくらい強い相関があるでしょうか．

表4.3を見てください．z_i, x_i, y_i は，いずれも現実に観測された値であり，表4.1に記録されたデータを書き写したものです．そして，いちばん右の列の z は式(4.15)に x_i と y_i の値を代入して求めた z の予測値です．表4.3のいちばん左の列といちばん右の列との相関係数を計算してみたところ

$$r_{zz_i} \fallingdotseq 0.998 \qquad (4.21)$$

となりました．これは，限りなく1に近い値であり，実現値と予測値の間には極めて強い相関があることが判明しました．式(4.15)

表 4.3 実現値 z_i と予測値 z

z_i	x_i	y_i	z
32	10	50	31.5
87	20	22	85.54
41	20	70	40.9
71	22	40	74.4
73	25	52	71.64
104	35	48	103.36

($z = 2.8 x_i - 0.93 y_i + 50$)

は, 非常にあてはめの良い回帰式であるといえるでしょう.

式(4.15)によれば, z は x と y を

$$2.8 : -0.93$$

の割合で混ぜ合わせて作られているのですが, 実は, いまの例では, これが z の予測値と実現値の相関係数が最大になるような混ぜ合せの割合なのです. この性質は, 重回帰の貴重な一面であり, 複雑な社会現象を解明するうえで, 広い応用範囲を誇っています.

このような, たくさんの要因が複雑にからみ合っている社会現象に科学的なメスを入れる手法の一群は**多変量解析**と呼ばれています. その中の1つが**重回帰分析**であり, 重回帰を利用していくつかの要因どうしのからみ合いを解析するための分析法です. この章では, 重回帰分析を予測への応用という視点からとらえて, ご紹介して参りました. ついでですから, 次の節でもうひとつだけ重回帰分析の例題に付き合っていただきたいと思います.

---

* 重回帰分析については,『多変量解析のはなし(改訂版)』を参考にしていただければ幸いです. なお, 変数が4つ以上の重回帰の式を付録(4)に載せておきました.

変数が分類で与えられたときの重回帰

　テーマは前節のつづきのように見えますが，こんどは解き方がちょっと異質です．前回は，気温 x と湿度 y によって生ビールの売上げ z を予測する式を作ったのでしたが，考えてみると，いや，考えるまでもなく，生ビールの売上げは曜日によってもかなり異なると思われます．そこで，こんどは気温 x と曜日 y によって売上げ z を予測する式を作ってみることにしました．

　そのために，まずデータを集めたところ，表4.4のように6つのデータが記録されました．なお，曜日は平日，土曜，日曜に3分類し，それぞれ，y_1, y_2, y_3 の記号で表わしてあります．この列が数値ではなく分類で表わされているところが，いままでとおお違いなのです．

　さて，気温 x と曜日 y とで売上げ z を回帰するためには，どのような数式モデルを使えばいいのでしょうか．まず，気温にも曜日にもかかわりなく毎日のように飲みにきてくれる常連客がいますから，このぶんとして最後に c という定数を加えてやりましょう．残りの売上げは，前例でもそうであったように気温 x にほぼ比例

表4.4　データが分類で与えられた

売上げ z_i	気温 x_i	曜日 y_i
82	10	y_2(土)
80	20	y_1(平)
114	20	y_3(日)
86	22	y_1(平)
136	25	y_3(日)
234	35	y_2(土)

すると考えて、これを ax で表わそうと思います。ところが、常連客のぶんを除いた残りの売上げは、曜日によっても大幅に異なるので、ax に曜日によって決まる倍率 y_i をかけなければ実態に合いません。

こういうわけで、回帰に使う数学モデルは連続して変化する平面でも曲面でもなく

$$z = axy_i + c \tag{4.22}$$

という形を選ぶはめになりました。そして、やっかいなことに、z や x はどのような値にでもなれる変数なのに、y_i は y_1 か y_2 か y_3 の3種類の値にしかなれない妙な変数なのです。それにもかかわらず、私たちは最小2乗法を利用して a, c, y_1, y_2, y_3 を決め、回帰式を作ろうというのですから、苦労が思いやられるではありませんか。

馬車馬のように作業を始める前に、少し頭を使いましょう。私たちは、a と c と3つの y_i の計5つの値を決めなければならないのですが、式(4.22)の中の a と y_i はいずれも数値であり、そのうえ、かけ合わせられた状態で使われていますから、a と y_i を分離することができないはずです。そこで

$$\left. \begin{array}{l} ay_1 = t_1 \quad (\text{平日}) \\ ay_2 = t_2 \quad (\text{土曜}) \\ ay_3 = t_3 \quad (\text{日曜}) \end{array} \right\} \tag{4.23}$$

とおいてしまいましょう。そうすると式(4.22)は

$$z = t_i x + c \tag{4.24}$$

となり、私たちは c と t_1, t_2, t_3 の4つの値を決めればいいことになります。

4. 重回帰で予測する

表4.4をもういちど見ていただくと，記録されたデータの1行めでは，x_iが10，y_iはy_2でした．したがって，回帰方程式(4.24)によって予測されるzの値は，式(4.23)の関係に留意すると

$$z = 10t_2 + c \tag{4.25}$$

です．ところが現実のデータではzが82となっています．この82が式(4.25)から求めたzとぴったり一致している可能性はゼロではありませんが，ふつうはいくらかの差があります．ちょうど139ページの図4.2で現実のデータP_iが回帰平面からε_iだけ離れていたようにです．そこで，82と式(4.25)から求めたzとの差をε_1としましょう．

$$\varepsilon_1 = 82 - z = 82 - 10t_2 - c \tag{4.26}$$

同じように，2番めのデータについては

$$\varepsilon_2 = 80 - 20t_1 - c \tag{4.27}$$

であり，以下，同様です．

さあ，最小2乗法です．$\varepsilon_i{}^2$の合計がなるべく小さくなるようにcとt_1, t_2, t_3の値を決めていきましょう．そのためには

$$\sum \varepsilon_i{}^2 = \sum (実現値 - 予想値)^2 \tag{4.28}$$

を求め，それをcとt_1, t_2, t_3で偏微分した式をゼロとおいて連立

表 4.5 予測値と実現値

気温 x_i	曜日 v_i	予 測 値	実 現 値
10	y_2	$10t_2 + c$	82
20	y_1	$20t_1 + c$	80
20	y_3	$20t_3 + c$	114
22	y_1	$22t_1 + c$	86
25	y_3	$25t_3 + c$	136
35	y_2	$35t_2 + c$	234

方程式を解けばいいことは140ページあたりの流れと同じです．

では，馬車馬の作業開始です．表4.5を見ながら付き合ってください．

$$\sum \varepsilon_i{}^2 = (82-10t_2-c)^2 + (80-20t_1-c)^2$$
$$+ (114-20t_3-c)^2 + (86-22t_1-c)^2$$
$$+ (136-25t_3-c)^2 + (234-35t_2-c)^2$$
$$= 106768 + 6c^2 - 1464c + 884t_1{}^2 + 1325t_2{}^2 + 1025t_3{}^2$$
$$- 6984t_1 - 18020t_2 - 11360t_3 + 84ct_1 + 90ct_2 + 90ct_3$$

(4.28)と同じ

したがって

$$\frac{\partial}{\partial c}\sum \varepsilon_i{}^2 = 12c - 1464 + 84t_1 + 90t_2 + 90t_3 = 0 \qquad (4.29)$$

$$\frac{\partial}{\partial t_1}\sum \varepsilon_i{}^2 = 1768t_1 + 84c - 6984 = 0 \qquad (4.30)$$

$$\frac{\partial}{\partial t_2}\sum \varepsilon_i{}^2 = 2650t_2 + 90c - 18020 = 0 \qquad (4.31)$$

$$\frac{\partial}{\partial t_3}\sum \varepsilon_i{}^2 = 2050t_3 + 90c - 11360 = 0 \qquad (4.32)$$

を連立して解きましょう．まず，式(4.30)からt_1を，式(4.31)からt_2を，式(4.32)からt_3を求めて，これらを式(4.29)に代入すると

$$c \fallingdotseq 21 \qquad (4.33)$$

が出てきます．これらを式(4.30)〜式(4.32)へ逆輸入してやると

$$\left. \begin{array}{l} t_1 = 2.95 \fallingdotseq 3 \\ t_2 = 6.09 \fallingdotseq 6 \\ t_3 = 4.62 \fallingdotseq 4.6 \end{array} \right\} \qquad (4.34)$$

4. 重回帰で予測する

が求まります.すなわち,私たちが探していた回帰式は

$$z = t_i x + 21 \tag{4.35}$$

(ここで, $t_1 = 3$, $t_2 = 6$, $t_3 = 4.6$)

であることがわかりました.これで

$$\left.\begin{array}{ll}\text{平日} & z = 3x + 21 \\ \text{土曜} & z = 6x + 21 \\ \text{日曜} & z = 4.6x + 21\end{array}\right\} \tag{4.36}$$

という回帰式が出来上がりました.

この回帰式のあてはめの良さを点検するために,148ページの表4.3のように実現値と予測値の対比表を作り,その相関係数を計算してみていただけませんか.0.9999という驚異的な値となってしまいます.現実の生ビールの売上げはもっと他の要因や運に左右されますから,これほどあてはめの良い回帰式が作れることなど,まず,ないでしょう.例題の作り方が少し甘かったかもしれません.けれども,例題を解く手順には少しも悪影響をおよぼしていませんから,ご安心ください.

式(4.36)は,曜日と気温によって生ビールの売上げを予測するには十分です.たとえば,週日の気温が30℃なら

$$z = 3 \times 30 + 21 = 111 \text{ 杯}$$

というぐあいです.それでも式(4.22)の数学モデルを採用したときの初心に帰って,気温 x にかかる比例定数 a と,曜日によって変わる倍率 y_i に分離しておきたいなら,つぎのようにすればいいでしょう.

y_i は,曜日によって異なる相対的な倍率を表わせば目的にかないますから,平日を1として土曜や日曜の倍率を表示することとと

し,

  土曜の倍率 $y_2 = t_2/t_1 = 2$

  日曜の倍率 $y_3 = t_3/t_1 ≒ 1.5$

とします．そうすると式(4.35)は

  $z = 3xy_i + 21$ (4.37)

  (y_i は，平日は1，土曜は2，日曜は1.5)

となり，x にかかる比例定数は3，曜日による倍率は( )の中のとおり分離できました．

なにが変数として適格か

この章の1番めの例題では，気温と湿度の2つの変数によって生ビールの売上げを回帰しました．また，2番めの例題では，気温と曜日という2つの変数で売上げを回帰したのでした．いずれも考え方と解き方の筋道をご紹介するためでしたから，例題をなるべく単純にするために，僅か2つずつの変数を採用したわけです．*

けれども，現実には，あるレストランにおける日々の生ビールの売上げは，もっともっとたくさんの変数に影響されるでしょう．気温，湿度，晴雨の別，風向・風速などの気象はもとより，曜日，給料日，ボーナス日，決算時期，人事異動などの時期など，かぞえあげればきりがありません．ですから，売上げを正確に予測できるような回帰式を作るには，たくさんの変数を採り上げなければならないはずです．いったい，どういう変数をどのくらい採用するのが得

---

 * $z = f(x, y)$ というとらえ方をしたとき，z を**目的変数**，x や y を**説明変数**ということがあります．

策なのでしょうか.

　変数がふえれば，それと同数の偏微分方程式を連立して解かなければなりません．連立方程式は方程式の数がふえるにつれて加速度的に解くための手数が増大します．筆算で解けるのは，せいぜい6連か7連の連立方程式が限度でしょう．しかし，連立方程式を解く手順はコンピュータの得意とする分野なので，表計算ソフトを使えば，方程式の数がいくら多くなってもあまりこたえません．そのせいでしょうか．20～30もの変数を並べた回帰式が，研究の成果として発表されることも珍しくありません．

　そのような回帰式は，一見，精細な式のように見えるので信頼したり敬服したりされがちなのですが，実は，あまり敬服に価しないことが多いのです．なんでもかんでも変数として採用してしまったために，あっても間違いではないけれど，なくても大勢に影響がないような変数がたくさん含まれてしまうからです．

　あっても間違いではないなら，そのような変数を含んでいても大目にみればいいではないかとのご意見があるかもしれませんし，回帰式を眺めているだけならそのとおりなのですが，「予測」の手段として回帰式を使う私たちとしては，それでは困るのです．なにしろ，右辺の変数のすべてに値を代入しなければ予測値は計算できないし，枝葉末節な ── ちょっと，いいすぎかな ── 変数まで，すべてのデータを揃えることがいつでもできるとは限りませんから，変数が多くなればなるほど使いにくい回帰式になってしまいます．そのうえ，「予測」に期待する精度は132ページの図3.18からもお察しのとおり，もともとそれほど高くないのですから，僅かばかりの精度の向上をねらって変数の数をふやすのは「益すくなくして害

おおし」なのです.つまり,予測に使うという立場からみれば,変数は少なければ少ないほど,そして,データを入手しやすい変数に限定されているほど,実用的な価値が大きいと言っても過言ではありません.

すっかり悪態をついてしまいましたが,それでは,どのような変数は切り捨てていいのでしょうか.それを考えるための一例として,表4.6をごらんください.これは,この章の1番めの例題に使った表4.1に気圧 v_i のデータを追加したものです.気圧が960ヘクトパスカルまで下がれば暴風だ,などと野次りっこなしです.なにしろ,使いやすいように作った架空のデータにすぎないのですから……

すでに146ページあたりで検討したように,x_i と z_i,y_i と z_i,x_i と y_i の相関の強さを計算してみると

$r_{xz} \fallingdotseq 0.84$ (4.18)と同じ

$r_{yz} \fallingdotseq -0.54$ (4.19)と同じ

$r_{xy} \fallingdotseq -0.006$ (4.20)と同じ

であり,x は z に対して強い影響力を持つし,y も z に対してかなりの影響を及ぼしています.さらに x と y はほとんど完全に独立です.したがって,x と y は互いに無関係に,表現を変えれば,そ

表4.6 もしも,こういうデータなら

売上げ z_i	気温 x_i	湿度 y_i	気圧 v_i
32	10°C	50%	980 ヘクトパスカル
87	20	22	1,000
41	20	70	960
71	22	40	980
73	25	52	990
104	35	48	970

れぞれ異なった立場から z に対して影響力を行使しているわけですから, z を予測するための回帰式に x と y の両方を採用したのは正しい判断であったと, しめくくったのでした.

では, 新しい変数, 気圧 v はどうでしょうか. 他の変数との相関係数を計算してみると

$$\left. \begin{array}{l} r_{vz} \fallingdotseq 0.32 \\ r_{xv} \fallingdotseq -0.17 \\ r_{yv} \fallingdotseq -0.83 \end{array} \right\} \quad (4.38)$$

です. つまり, v は予測しようとしている値 z には少ししか影響せず, y と強く連動していることがわかります. それなら, v は変数から削除してしまってもよさそうではありませんか. v の意見は y が代弁してくれるし, かりに v を採用したとしても, 回帰方程式の中では y と v とを合わせて一人前の扱いしか受けられないのですから……. なにしろ, 回帰方程式は予測値と実現値の相関がもっとも強くなるように変数に重みづけして混ぜ合わせるのですから, 同じように変動する2つの変数はそれぞれ別個の人格としては扱ってもらえないのです.

このように, 予測しようとしている変数に対して影響が小さく, かつ, 他の変数と相関の強い変数は, 採用してもあまり意味がありません. 回帰式を作る手間からみても変数は少ないほうが助かるし, それに, 回帰式を予測に利用する側からみても変数は少ないほうが決定的に便利なのですから, 採用しても意味の薄い変数は, 回帰方程式を作る前に切り捨てることをおすすめします.

ちなみに, 表4.6のデータから, 付録(4)を参照して回帰式を作ってみると

しり馬に乗っているだけ
の奴は いらない

$$z = 2.8x - 0.84y + 0.13v - 82 \qquad (4.39)$$

となります。これを気圧 v_i を変数の仲間に入れていなかったときの

$$z = 2.8x - 0.93y + 50 \qquad (4.15)$$

と較べてみてください。定常項の -82 と 50 は、座標軸を平行移動してつじつまを合わせるための値ですから気にする必要はなく、変数にかかった係数だけに注目しましょう。まず、x の係数は、両式とも同じ……。

つぎに、y の係数は式 (4.39) のほうが少し小さいのですが、そのぶんを v の係数が補っています。y と v の相関はマイナスですから、v のプラスの係数が y のマイナスの係数を補っているのです。それに、データの振れ幅を見ると v のほうが 2 割ほど小さいので、もし v の振れ幅が y のそれと同じなら、v の係数は 0.1 くらいに

なるだろうと考えられます。そこで式(4.39)からvの項を削除して、そのぶんをyの項に加えてやると、ほとんど式(4.15)と同じになってしまうではありませんか。

もうひとつ、ダメを押させてください。式(4.15)のようにxとyだけで回帰したときのzと実現値z_iとの相関係数は、147ページの式(4.21)のとおり、0.998という立派な値でした。では、変数vを追加したらもっと立派になるでしょうか。式(4.39)で回帰したzと実現値z_iとの相関係数を計算してみると、やはり0.998であり、とくに向上したわけでもありません。

相関係数はすでに1に近すぎて向上の余地が残されていなかったのかと同情し、あてはめの良さのもうひとつの尺度である残差平方和(101ページ)も求めてみました。その結果は表4.7のようにvを変数に採用することによって若干の向上が認められました。きわどくvの顔も立ったというものです。

表4.7 変数vをふやした効果はあるか

z	z_iとの相関係数	残差平方和
式(4.15)による	0.998	16.2
式(4.39)による	0.998	14.2

けれども、せっかく変数をふやしてもこの程度の効果しか上がらないなら、わざわざ回帰式を使いにくくするほどのこともないと思いませんか。やはり、vの項は回帰式にとって、あってもなくてもいい存在だったようです。

分類で与えられたときへの応用

前節では,変数どうしの相関の強さを手掛かりにして回帰式の中に採用すべき変数を絞ろうと提案してきたのですが,さて,それでは149ページの表4.4のように,変数が数値ではなく分類で与えられているときには参ってしまいます.分類では相関係数が計算できないではありませんか.

そのときには,つぎのようにしてください.表4.4のデータを曜日ごとに分けて整理し直すと,表4.8のようになります.売上げ z_i は80〜234の間に大きくばらついていますが,このばらつきの原因をつぎの2つに分けて考えましょう.

(1) 曜日ごとの売上げの差
(2) 同じ曜日であっても,気温やその他の理由による差

私たちは,曜日の違いが売上げに影響している強さを知りたいのですから,売上げのばらつきのうち(1)によるばらつきが占めている割合を求めれば,それは全体の売上げと曜日による売上げの相関係数と同じ意味を持つにちがいありません.さっそく,それを調べていきましょう.

まず,売上げ z_i のばらつきを求めます. z_i のばらつきを代表す

表4.8 曜日による売上げの差は?

曜 日 y_i	売上げ z_i		平 均	全平均
平 日 y_1	80	86	83	
土 曜 y_2	82	234	158	122
日 曜 y_3	114	138	125	

る値，z_i の分散は表 4.9 のように

$$\sum(z_i-\bar{z})^2=17464 \tag{4.40}$$

です．つぎに，曜日による売上げの分散を求めます．曜日による差以外はすべて同じ条件であったなら，売上げは表 4.10 のように，表 4.8 で求めた曜日ごとの平均値が並ぶと考えるほかありません．つまり，これが曜日ごとの売上げの実力なのです．では，曜日ごとの実力の分散を計算してください(表 4.11).

$$\sum(実力-\bar{z}_i)^2=5652 \tag{4.41}$$

です．そうすると，売上げのばらつきのうち曜日による相違が占め

表 4.9 売上げ z_i の分類を求める

y_i	$z_i-\bar{z}_i$			$(z_i-\bar{z}_i)^2$		z_i の分散
y_1	−42	−36	2乗する ⇒	1764	1296	$\sum(z_i-\bar{z})^2$
y_2	−40	112		1600	12544	$=17464$
y_3	−8	14		64	196	

表 4.10 これが曜日ごとの実力

曜 日	y_i	売 上 げ	z_i
平 日	y_1	83	83
土 曜	y_2	158	158
日 曜	y_3	125	125

表 4.11 曜日の実力の分散を求める

y_i	実力	$-\bar{z}_i$		(実力$-\bar{z}_i)^2$		実力の分散
y_1	−39	−39	2乗する ⇒	1521	1521	$\sum(実力-\bar{z})^2$
y_2	36	36		1296	1296	$=5652$
y_3	3	3		9	9	

る割合は

$$p^2 = \frac{5652}{17464} \fallingdotseq 0.324 \qquad (4.42)$$

となります．この p^2 は**相関比**と呼ばれる値です．ただし，このままでは分散どうしの比，つまり，ばらつきの2乗どうしの比になっていますから，相関係数と対応させるときには，これを $\sqrt{}$ に開いて

$$p = \sqrt{0.324} \fallingdotseq 0.57 \qquad (4.43)$$

を使います．

このように，データが数値でなく分類で表わされている場合でも前の節の考え方が応用できますので，ぜひ，必要な変数と不必要な変数を識別するときにご利用ください．*

ちなみに，149ページの表4.4の場合，計算してみると

$$\left.\begin{array}{l} r_{xz} \fallingdotseq 0.87 \\ p_{yz} \fallingdotseq 0.57 \\ p_{xy} \fallingdotseq 0.01 \end{array}\right\} \qquad (4.44)$$

でしたから，売上げ z を予測するためには気温 x と曜日 y がともに欠かせない変数であったことになります．

---

* 数値で示された尺度を間隔尺度というのに対して，平日，土曜，日曜のような分類で示されるものを名義尺度といいます．そして，ふつうに相関係数といわれているのは間隔尺度どうしに使われるピアソンの積率相関係数のことであり，この節でご紹介したように名義尺度と間隔尺度の間では相関比が使われます．なお，名義尺度どうしの場合にはクラメールの関連指数が使われますが，これについては『多変量解析のはなし(改訂版)』，58～64ページをご参照ください．

前節からこの節にわたって，予測という目的に使う回帰式では変数は厳選されるのが望ましく，変数を選択する基準は変数どうしの相関の強さであると書いてきました．そして，近年になって発表される重回帰の研究事例には，このあたりに配慮のいきとどいたものが多く見られますし，また，変数を選別するためのソフトもいろいろとくふうされているようです．

　なお，回帰式を作るためのデータを実験的に集めて，役に立つ変数を効率よく選び出すためには，**実験計画法**と**分散分析**が有力なツールになることを申し添えて，この章を終わりにしようと思います．

コーヒーブレイク

　外挿という言葉は日常用語として耳にすることが多いのに対して，内挿(144ページ)のほうは馴染み薄です．辞典を調べてみると，「内挿」のほうは出ていなかったり，出ていても「補間」を見よ，となっていたりします．なるほど，補間のほうが日常的な感じです．では，内挿を補間と言い換えるなら，外挿のほうはどうなるかというと，それは「補外」であって日常用語とは思われません．なんとややこしいこと……．

　英語なら，extrapolate(外挿)と interpolate(内挿)であり，こちらのほうがすっきりしています．

5. 確率で予測する

社会現象や自然現象の推移は一本道だけを辿るとは限りません．どちらかといえば，確率的に枝分れした道を進むことのほうが多いくらいです．このような現象の未来を読むには，どうしても確率的な予測が必要になります．確率的な予測の手順は，現在の状況から過去に起こった出来事を推測するとか，敵の手を予測しながらゲームを有利にすすめるなど，多方面に応用することができます．

クイズで出発

珍奇なクイズを，ひとつ……．隣り合った2つの国があると思ってください．一方の国の王様は名うての女好き．とうとう，つぎのような布令を出しました．すなわち，結婚して赤ちゃんを生んだとき，それが女児ならこの夫婦にはひきつづき出産を許すが，男児が生まれたら以降の出産はまかりならん，というのです．

これに対して，他方の国の王様は徹底した男性尊重主義．男児を生んだ夫婦にはひきつづき出産を続けさせるけれど，女児を生んだとたんに，そこで生み止め……と下令しました．

それから歳月が流れて，両国ともそれぞれ男女のバランスが安定したころ，両国の男女の比率はどのくらいに落ち着いているかを予測してください．もちろん，男児生み止めの国では女性の割合が，女児生み止めの国では男性の割合が多くなっているにちがいないとは思いますが……．

このクイズには意外な答が待ち受けています．図5.1を見ながら付き合ってください．この図は，女好きの国，つまり，男児生み止めの国の出産経過を描いたものです．

結婚して第1子が生まれるとき，その赤ちゃんが男児(♂)である確率と女児(♀)である確率とを，常識に従って1/2ずつとしましょう．不幸にして♂が生まれてしまうと，そこで生み止め……．幸いにして♀が生まれれば，つづいて第2子の出産が許されます．

第2子が♂であるか♀であるかは，第1子のときと同じく1/2ずつの確率であり，♀を出産した場合にはさらに第3子の出産が許されますが，第3子がまた♀である確率は1/2……．こういうわけで

5. 確率で予測する

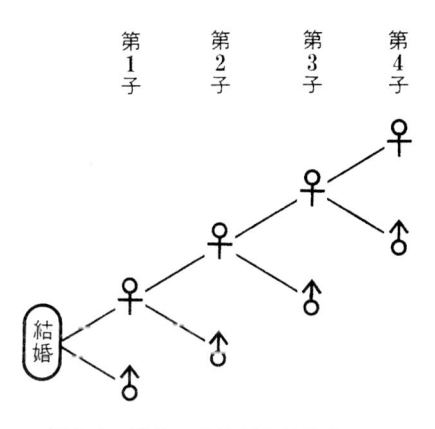

図 5.1　男女の比はどう推移するか

図の中の♀と♂は，ぜんぶ同じ大きさに描いておきました．

　さて，かりにこの夫婦が生涯に1子しかもうけなかったとして，第1子までの♀と♂の数をかぞえてみてください．両者とも1つずつで同数です．では，この夫婦が第2子まで出産したとして，第2子までの♀と♂の数をかぞえてください．共に2つずつで，やはり同数ではありませんか．さらに，第3子までをかぞえても，第4子までをかぞえても，♀と♂の数はぴったり同数です．男児生み止めの規制をしいたにもかかわらず，男と女の数は半々で，国中が女性で満ち溢れるようなことは起こらないのです．

　男児優先の国，つまり女児生み止めの国の出産経過は，図5.1の♀と♂を入れ換えたものにすぎませんから，♀と♂の比率はどこまでいっても等しいにちがいありません．こういう次第で，男児生み止めの布令を出そうが，女児生み止めを下令しようが，男女の比率は1/2のままで変わらないというのが，このクイズに対する答でし

た．ちょっと意外な感じがしませんか．

　これに対して，この説明はうさん臭いぞと思われる方がいるかもしれません．第1子のところで♀と♂が同じ大きさに描いてあるのは納得できるけれど，第2子のところは第1子が♀であるという前提条件が成立した場合しか存在しないのだから，第2子の♀と♂は第1子に比べて半分の大きさで描くのが正しく，そうすると別の答にゆき着くのではないかと疑問を持つのです．

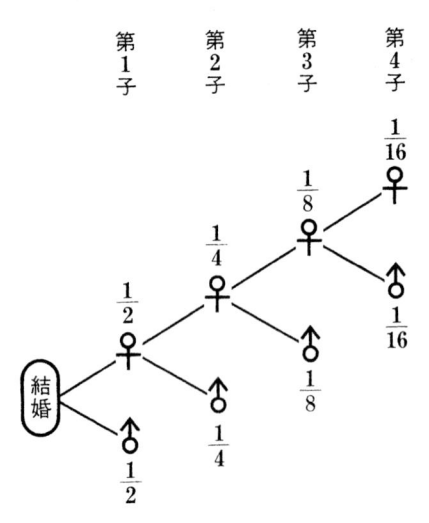

図 5.2　確率の推移も考慮して

　そこで，その点に配慮して図5.2を作ってみました．図には，♀と♂の大きさを使いわける代りに，その子が生まれる確率を書き込んであります．すなわち，第1子のところでは，♀も♂も 1/2 ずつです．また，第2子が♀であるか♂であるかは，その時点で 1/2 ず

つですが，その前提として第1子が♀でなければなりませんから，第1子が♀であるという条件付きの確率は1/4ずつになります．同様に，第3子のところでは，第1子と第2子がともに♀であるという条件付き確率1/8が♀と♂に付与されます．

さて，かりにこの夫婦がもともと1子しか生めない状態にあった場合には，どのような布令が施行されていようと，次代に残す子供が♀である確率と♂である確率はともに1/2ずつですから，問題はありません．

では，この夫婦が2人まで生める能力と希望を持っていたら，どうなるでしょうか．その場合に起こり得るケースと，その確率は

$$
\left.\begin{array}{ll}
\text{第1子が♀で，第2子が♀} & \text{確率 } 1/4 \\
\text{第1子が♀で，第2子が♂} & \text{確率 } 1/4 \\
\text{第1子が♂で，生み止め} & \text{確率 } 1/2
\end{array}\right\} \quad (5.1)
$$

です．この3つのケースについて，♀と♂の確率的な人数，つまり人数に確率を掛けた値を別個に上から寄せ集めてみてください．

$$
\left.\begin{array}{ll}
\text{♀：} & 2\text{人}\times 1/4 + 1\text{人}\times 1/4 = 3/4 \text{人} \\
\text{♂：} & 1\text{人}\times 1/4 + 1\text{人}\times 1/2 = 3/4 \text{人}
\end{array}\right\} \quad (5.2)
$$

となって，♀と♂に同じチャンスが与えられていることがわかります．

つぎに，この夫婦が3人まで生む能力と希望を持っていた場合について，起こり得るケースとその確率を列記してみると

$$
\left.\begin{array}{ll}
\text{♀♀♀} & \text{確率 } 1/8 \\
\text{♀♀♂} & \text{確率 } 1/8 \\
\text{♀♂} & \text{確率 } 1/4 \\
\text{♂} & \text{確率 } 1/2
\end{array}\right\} \quad (5.3)
$$

であり，確率的な人数を♀と♂について合計すると

$$\left.\begin{array}{ll} ♀: & 3人\times1/8+2人\times1/8+1人\times1/4=7/8人 \\ ♂: & 1人\times1/8+1人\times1/4+1人\times1/2=7/8人 \end{array}\right\} \quad (5.4)$$

となって，やはり♀と♂は同数です．

　このあと，第4子まで，第5子まで……と点検をつづけても，常に♀と♂は同じです．やはり，男児生み止めでも女児生み止めでも将来の男女の比率は1/2のままで変わらないのです．

　これでクイズは終わりなのですが，ついでですから，もう少しお付き合いください．もし，この夫婦が限りなく子供を生みつづける能力と希望を持っていたとしたら，どうなっていくでしょうか．いままでの検討結果や，必要があれば，第4子までの場合とか第5子までの場合も調べていただくと，出産するであろう確率的な人数は

$$\left.\begin{array}{ll} ♀: & 1/2(1/2+2/4+3/8+\cdots\cdots) \\ ♂: & 1/2+1/4+1/8+\cdots\cdots \end{array}\right\} \quad (5.5)$$

であることがわかります．この無限級数の合計は

$$♀: \quad \frac{1}{2}\sum_{n=1}^{\infty}\frac{n}{2^n}=1 \tag{5.6}$$

$$♂: \quad \sum_{n=1}^{\infty}\frac{1}{2^n}=1 \tag{5.7}$$

です．したがって，男児生み止めか女児生み止めの布令を守っている以上，この夫婦はいくらがんばっても確率的には男児1人と女児1人の計2人の出産が限度なのです．夫婦2人で子供2人が限度なら人口がふえることはありません．男児生み止めか女児生み止めの布令は，男女の比率を変えることはできませんでしたが，人口抑制の効果が歴然と現われることは期待できそうです．人口が増えつづ

けて困っている国で施行してみてはいかがでしょうか．

　この章は，珍奇なクイズで幕を開けてしまいました．私たちの社会では，男児生み止めの布令などが出る気遣いはありませんが，一定の確率法則に従って推移する現象ならたくさんあります．ところが，この手の現象は確率計算のテーマとして採り上げられることが多いのに，予測という観点から採り上げられることはほとんどありませんでした．けれども，考えてみれば，確率的に推移する現象のゆくすえを数理的に見きわめるのも，りっぱに予測です．そこで，いくつかの例題を追いながら，確率的に予測する方法をご紹介しようと思うのです．

確率過程をたどっていく

　一定の確率法則に従って時間的に変化する現象は**確率過程**といわれ，ある変数の時間的変化に着目した時系列と対をなしているとみなされることもあります．確率過程の中で，もっとも明快で，確率計算も単純なのは，たとえば，つぎのような場合です．

　ある企業の要人が，休暇をとってゴルフを楽しみたいと考えています．仕事の都合上，休暇をとれる日は月曜か金曜に限られているのですが，どちらが確実にゴルフを楽しめるかと迷ったあげく，過去のさまざまな実績などを調べたところ，つぎのような確率が判明したと思ってください．

　急用が発生する確率は，月曜が 0.2，金曜が 0.4……．しかし，月曜に急用が発生すると翌日の仕事に影響が出るため，60％は帰社しなければならず，30％は電話で処置がすみ，10％は処置不要で

す．これに対して，金曜に急用が発生した場合には，帰社が20%，電話処置70%，処置不要10%と，いくらか余裕があります．また，急用発生の連絡がなくても，要人のほうが用事を思い出して電話をする確率が，月曜には10%，金曜には20%あります．金曜は，明日でいいや，というわけにいかないので月曜より多いのです．

そして，帰社すれば，もちろんゴルフはお流れ，電話処置ののちゴルフができる確率は，月曜なら0.8ですが金曜は0.7に減少します．きっと翌日が休みなので帰社を免れたぶん電話処置に手間がかかるからでしょう．なお，まったく処置不要の場合でも，天候不良でゴルフができない確率を10%だけ覚悟しなければなりません．

せっかく休暇をとってゴルフ場へ出向いたあげく，ゴルフ開始までの確率は以上のように推移するのですが，さて，月曜と金曜のそれぞれについて，ゴルフができる確率を予測し，比較してみてください．

確率過程をごたごたと書き連ねましたが，文章のままではとても頭にはいるものではありません．そこで，図5.3のように図示してみました．このような図は**推移図**と名付けられています．こちらのほうが，文章よりずっと確率の推移が理解しやすいではありませんか．なお，この図に書き込まれている確率は**推移確率**と呼ばれますが，ある状態から他の状態へ遷移する確率なので，**遷移確率**と呼ばれることもあります．

では，この図を追いながら予測のための確率計算をはじめましょう．たとえば月曜に急用が発生し，帰社して，ゴルフが流れるという確率を計算するには，

   月曜に急用が発生(月→E)の確率 0.2

5. 確率で予測する 173

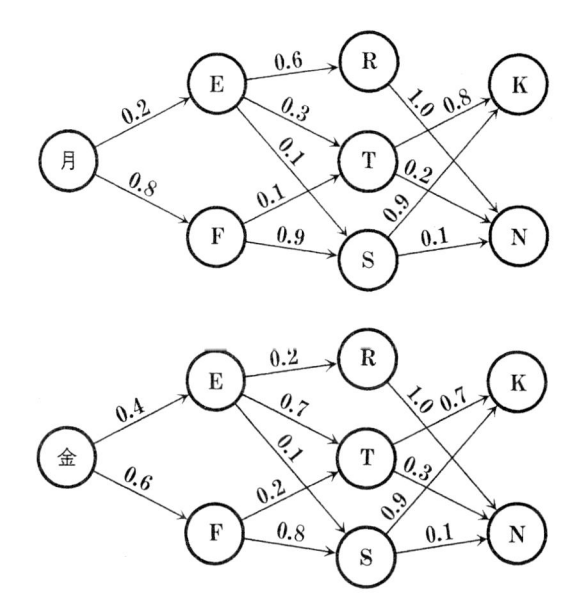

E：急用発生　R：帰　社　K：ゴルフ OK
F：急用なし　T：電話処置　N：ゴルフ NO
　　　　　　S：処置不要

図 5.3　確率過程を図示する

　　急用発生によって帰社(E → R)の確率　　0.6
　　帰社によってゴルフ流れ(R → N)の確率　1.0
を掛け合わせればよく,*

　　　月 → E → R → N の確率 = 0.2×0.6×1.0 = 0.120　(5.8)

---

* 確率計算の仕方は，掛け合わせるもの，加えるものなど，条件によって異なります．詳しくは『確率のはなし(改訂版)』，49～74 ページを見ていただければ幸いです．

となります.このように,他の矢印に沿ったすべてのルートについても同様な計算を重ね,最後に集計するまでの確率計算を表5.1にまとめておきました.

この表を見ていただくと,月曜にゴルフを計画した場合,ゴルフを楽しめる確率は77.8%,これに対して金曜なら74.8%と予測されますから,僅かながら月曜が有利という見通しになりました.

いまの例は,典型的な確率過程のひとつなのですが,現実に私たちを取り巻く確率過程がこれほど明快にモデル化できることは,残

表5.1 確率過程ごとに確率を求めて集計する

過　　　程	その過程が起こる確率	確 率 の 集 計
月 →E→T→K	0.2×0.3×0.8=0.048	
月 →E→S→K	0.2×0.1×0.9=0.018	月曜にゴルフができる
月 →F→T→K	0.8×0.1×0.8=0.064	確率=0.778
月 →F→S→K	0.8×0.9×0.9=0.648	
月 →E→R→N	0.2×0.6×1.0=0.120	
月 →E→T→N	0.2×0.3×0.2=0.012	
月 →E→S→N	0.2×0.1×0.1=0.002	月曜にゴルフができない確率=0.222
月 →F→T→N	0.8×0.1×0.2=0.016	
月 →F→S→N	0.8×0.9×0.1=0.072	
金 →E→T→K	0.4×0.7×0.7=0.196	
金 →E→S→K	0.4×0.1×0.9=0.036	金曜にゴルフができる
金 →F→T→K	0.6×0.2×0.7=0.084	確率=0.748
金 →F→S→K	0.6×0.8×0.9=0.432	
金 →E→R→N	0.4×0.2×1.0=0.080	
金 →E→T→N	0.4×0.7×0.3=0.084	
金 →E→S→N	0.4×0.1×0.1=0.004	金曜にゴルフができない確率=0.252
金 →F→T→N	0.6×0.2×0.3=0.036	
金 →F→S→N	0.6×0.8×0.1=0.048	

念ながら、ほとんどありません。そのために、現実の予測の手段として確率過程を利用しようとして立ち往生してしまうことも少なくないようです。その理由は、たくさんあります。

第1には、図5.3に〇印で示した「状態」がはっきりと区分できないことが少なくありません。たとえば、急用についての対応の仕方は「帰社」と「電話処置」と「処置不要」だけに3分割されるとは限らず、現実には、ゴルフ場へ部下を呼んで指示を与えるとか、近くの支店に駆け込んで処置をするなど、多くの応用動作が考えられるでしょう。そして、第2には、推移確率がいまの例題のようにきちんと揃っていることは、めったにないのです。

けれども、この2つの理由はオペレーションズ・リサーチや多変量解析など、社会現象を取り扱う科学には常につきまとう問題点です。いや、厳密な方程式をたてて正確な答を得ていると思われがちな自然科学でも、多かれ少なかれ同様な問題点を含んでいると考えて間違いはありません。そして、いずれの場合でも細かいそごや矛盾には目をつぶり大筋だけをモデル化することによって、科学的手法としての役目を果たしているのです。そのように割り切れば、私たちの社会で起こる確率過程を図5.3のようなグラフに描くことは、決してむずかしくはありません。思いきって確率過程を予測の手段として活用していきたいものです。

それより困るのは、確率過程の中に客観的で変更のできない確率と自らの意志で変更可能な確率が混在してしまうことです。たとえば、月曜に急用が発生する確率は自分の意志で変えることはできません。これに対して、急用が起こったときに帰社することになる確率0.6は、多くの要人たちの過去の実績から算出した値なのでしょ

うが，自分はこうすると覚悟さえ決めれば，いくらでも変えることができます．

つまり，確率過程の中の確率が変更不能な値ばかりなら，確率過程による予測はなりゆき任せの予測であって否も応もないのですが，確率の中に変更可能なものが含まれる場合は，5ページで触れたような能動的予測に変質してしまいます．したがって，確率過程の中に変更可能な確率が混在していると，予測の手段としては使い勝手が悪いのです．

そこで，自分の意志で変更可能な確率を含んでいたり，また，分岐点での確率の合計が1にならないような，言い換えれば，グラフには書かれていない事象が起こるかもしれないような確率過程を，予測や予測に基づく意思決定のために使いこなす手法も，いろいろと模索され研究されています．*

マルコフ分析で予測する

確率過程の極めつけはマルコフ過程です．図5.4を見てください．この推移図は，大都市と小都市と地方の相互間に予想される人口の移動を示したもので，もちろん架空の想定です．

大都市の人たちは，1年後には0.8の確率でやはり大都市に住んでいるし，0.1の確率で小都市へ移動し，また，0.1の確率で地方

---

* たとえば，PDPC (Process Decision Program Chart)という手法の中でも，このような確率過程の取扱いが論じられています．『企画の図法PDPC』，近藤次郎著，日科技連出版社，などに粗筋が紹介されています．

5. 確率で予測する

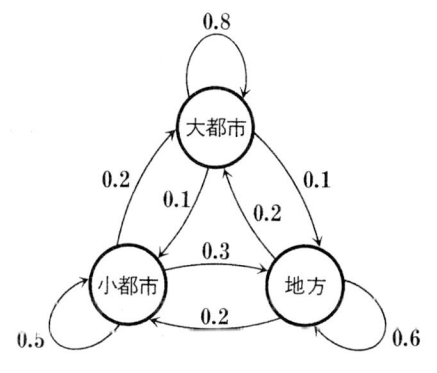

図 5.4 マルコフ過程の推移図

へ移動します．そして，小都市の人たちは，1年後には 0.5 の確率で小都市に居住しつづけ，0.2 の確率で大都市へ……と，この図は説明しています．もちろん，○印から出ていく矢印に添書きされた確率の合計は，それぞれ 1 になっています．○に入ってくるほうの確率の合計は必ずしも 1 ではありませんが……．

ところで，この推移図ではいくつかの特徴が目につきます．図が左右対称であるとか，丸みを帯びてふっくらとしているという図形的な特徴のことではありません．性格的な特徴のことです．

その 1 つは，ある時点で大都市にいた人たちが，1年後に小都市や地方へ移住している確率は，その時点よりさらに1年前にどこにいたかには，無関係であるということです．小都市や地方にいた人たちについても同様です．少しキザですが一般的な表現を許してもらえるなら，時点 n で状態 A であったとき，時点 $n+1$ で状態 B に推移する確率は，時点 $n-1$ 以前にどのような状態にあったかとは，無関係である，ということです．このような性質はマルコフ性

と呼ばれます．そして，マルコフ性を持った確率過程を**マルコフ過程**といいます．*

図5.4の推移図のもうひとつの特徴は，それが閉じた世界であるということです．つまり，確率的な状態の推移がこの推移図の中をぐるぐる廻っているだけで，決して外部へ出ていくことはありません．さらに，大都市，小都市，地方という3つの状態が相互に行ったり来たりすることができるという特徴もあります．実は，マルコフ過程にはたくさんのタイプが考えられるのですが，閉じた世界であるとともに，状態どうしの間をなんステップかで往来ができるという特徴を備えたマルコフ過程がもっとも実用性があると考えられ，じゅうぶんな研究が行なわれています．

さて，私たちのマルコフ過程に戻りましょう．図5.4のままでもいいのですが，のちのちのこともあるので，推移確率の一覧表を作っておきました．それが表5.2です．このような表を横書きで作るとき，ふつうなら，移動元を左端の欄に，移動先を上段の欄に書くのですが，ここではのちのちのこともあって，反対

表5.2 推移確率の一覧表

移動先 \ 移動元	大都市	小都市	地方
大都市	0.8	0.2	0.2
小都市	0.1	0.5	0.2
地方	0.1	0.3	0.6
計	1.0	1.0	1.0

---

* 図5.4のように，推移確率が直前の状態だけで決まるようなマルコフ過程を，とくに1次のマルコフ過程といい，直前とその前の2つの状態で推移確率が決まるときには2次のマルコフ過程といったりもします．晴，くもり，雨という天気の状態は，1日を単位とした4次のマルコフ過程で近似できるともいわれています．

に配置してあります．

では，予測の実技を始めます．0年の現在，人口は

　　大都市　に　30%
　　小都市　に　20%
　　地　方　に　50%

が住んでいます．この人口が図5.4や表5.2のようなマルコフ過程に従って移動すると，1年後，2年後には，どう変わっていくでしょうか．そして，ずっと後には，どのような人口配分になっていくかを予測してください．

まず，1年後について考えます．1年後の大都市の人口は，現在の30%のシェアのうち0.8がそのまま残り，小都市が占めるシェア20%の中からその0.2が流入し，地方のシェア50%の0.2が流入しますから

　　大都市　　30%×0.8+20%×0.2+50%×0.2=38%　　(5.9)

となるはずです．同じように考えれば

　　小都市　　30%×0.1+20%×0.5+50%×0.2=23%　　(5.10)
　　地　方　　30%×0.1+20%×0.3+50%×0.6=39%　　(5.11)

となるにちがいありません．

大都市は増加傾向，小都市はいくらか増加気味，地方は減少傾向です．それもそのはず，表5.2からわかるように，大都市は自らの人口はあまり逃さずに小都市からと地方からの人口をほどほどに受け入れているのに対して，小都市は自らの人口の半数が流出するのに大都市や地方からの流入は決して多くないのですから，大都市が増加し，小都市があまり増加しないのは当然のことでしょう．

では，さらに1年経過した2年後にはどうなるでしょうか．こん

どは，いま求めた1年後の人口のシェアを基準にして推移確率を掛ければいいわけですから

  大都市 $38\% \times 0.8 + 23\% \times 0.2 + 39\% \times 0.2 = 42.8\%$ (5.12)

  小都市 $38\% \times 0.1 + 23\% \times 0.5 + 39\% \times 0.2 = 23.1\%$ (5.13)

  地 方 $38\% \times 0.1 + 23\% \times 0.3 + 39\% \times 0.6 = 34.1\%$ (5.14)

となるはずです．

たいしてめんどうな計算ではありませんから，ひきつづき3年後のシェアを計算してみると

  大都市 45.68%

  小都市 22.65%

  地 方 31.67%

となります．1年めと2年めにつづいて大都市の増加傾向，地方の減少傾向は顕著ですが，小都市の人口のシェアは奇妙な動きをしています．1年めには僅かながら増加したのに2年めはほぼ横ばい，3年めには減少に転じています．きっと，1年めには人口のシェアが大きかった地方からの流入が効いて増加したのに，2年以降は頼みとする地方人口のシェアが減ってきたために小都市のシェアの増加が止まり，ついに減少に転じたのでしょう．

さて，これから先，大都市人口の増加はどこまで続くのでしょうか．地方人口の減少は歯止めがかかるのでしょうか．僅かながら減少に転じた小都市人口のゆくすえは……？

実は，178ページあたりに書いたような特徴を持ったマルコフ過程は，長い年月を経るにつれて，それぞれの状態が一定の値に安定することが知られています．つまり，長い年月ののちには，大都市，小都市，地方の人口のシェアは，それぞれ一定の値に安定して

しまうのです．そして，その値は

$$0.8x+0.2y+0.2z=x \quad ①$$
$$0.1x+0.5y+0.2z=y \quad ②$$
$$0.1x+0.3y+0.6z=z \quad ③$$
$$x+y+z=1 \quad ④$$

(5.15)

ただし， x は 大都市のシェア
　　　　y は 小都市のシェア
　　　　z は 地方のシェア

という連立方程式を解くことによって求められます．なぜって，たとえば①式を見てください．第1項は1年後に x に留っている人口，第2項は y から流入する人口，第3項は z から流入する人口であり，これらの合計が依然として現在の x と等しいというのですから，少なくとも x は安定してしまっていることを示しています．同じように，②は y が安定していることを，③は z が安定していることを示しているのですから，これらを連立して解いた x, y, z は，同時に安定しているにちがいありません．

ところで，①, ②, ③の x, y, z に付いている係数とその配置を見ていただけませんか．表5.2とぴったり同じではありませんか．そういえば，式(5.12), 式(5.13), 式(5.14)などの場合にも同じ数値の配列が見られます．これが，表5.2で移動元と移動先を反対に配置しておいた「のちのち」の理由です．

なお，式(5.15)の連立方程式には未知数が3つのところに方程式が4つもあるので，これでは「不能」になってしまうではないかとのご心配は無用です．* ①〜③のうちの1つは，他の2つと④に

---

* 未知数より方程式が少ないと解が決まらずに「不定」，方程式のほうが多いと解が矛盾してしまって「不能」となります．

よって作り出すことができますから、①〜③のうちの1つは不要であり、省いても差し支えありません.

それでは、式(5.15)を解いてみてください. とても簡単に

$$\left.\begin{array}{l} x=7/14=50.0\% \\ y=3/14\fallingdotseq 21.4\% \\ z=4/14\fallingdotseq 28.6\% \end{array}\right\} \quad (5.16)$$

が求まります. すなわち、大都市のシェアは1年後、2年後と急増をつづけるものの、やがて増加の速度は弱まり、ついには50%で安定してしまうと予測されます. また、地方のシェアは大都市とは逆のカーブを描きながら最後には28.6%で安定するでしょう. 小都市は微妙なカーブを描きながら当初とほとんど変わらない21.4%に安定すると予測されました. 図5.5のように、です.

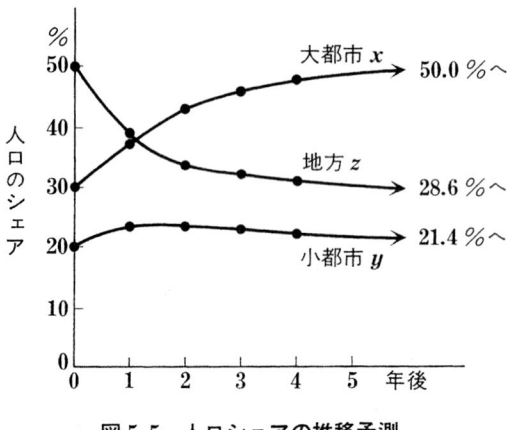

図5.5 人口シェアの推移予測

マルコフ過程による予測は、人口の移動、借家・マンション・一戸建という居住の変更、商品のシェアの推移など各方面で利用され

ています.ただし,推移確率が長年にわたって一定とは保証されないところが泣きどころです.それどころか,商品のシェア争奪戦では,勝つために推移確率を変えようと鎬(しのぎ)を削り合うことになります.それでも,マルコフ過程による予測は,「このままいったら,こうなる」という現状分析には欠かせない手段のひとつでしょう.

原因を予測する

原因を予測するなんて,変な言葉ですね.変であることを承知で見出しに使ったのには,いささかこじつけがましい理由があります.図5.6のように,A,B,Cが連続的に変化しているとき,AとBの情報によってCを予測するのは外挿でしたし,同じように,CとBの情報でAを予測するのも外挿です.そして,AとCの情報を使ってBを予測するのは内挿というほかに適当な言葉がありませ

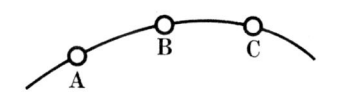

図5.6 A,B,Cと変化している

んでした.そして,これらは144ページの例題のように,いずれも答を出す手順には差異がありませんでした.

ところで,図5.6をAからCのほうへ時間が流れていると思って見ていただけませんか.過去Aと現在Bの情報を使って未来Cを予測するのは,だれに聞いても異口同音にヨソクです.では,現在Cと少し前Bの情報によってずっと前Aを予測するのも,やはりヨソクというのでしょうか.これは,予測という日本語の語感からいうと若干の抵抗がありそうです.

けれども，AとBでCを求めるのも，CとBからAを求めるのも同じく外挿ですし，それに，求める手順も似たようなものなのですから，いっぽうを予測といい，他方は予測とはいわないと差別する必要はないでしょう．やはり，予測を既知の情報で未知の情報を推し測ることと拡大解釈して，CとBからAを求めることも予測の仲間にいれるほうがよさそうです．

それに，現在の状態から過去の出来事を推察しなければならないことは，現実にいくらでも起こります．たとえば，公園のベンチで死体が発見されたとしましょう．警察はきっと他殺か自殺かの詮索にとりかかることでしょう．そして，他殺となれば，殺された状況，殺した犯人，その動機と順を追って推測していくのですが，これは時間の流れに完全に逆行した推測です．まさに，$C \to B \to A$なのです．そして，多くの場合，その手順は$A \to B \to C$と似たようなものになるでしょう．

実例を挙げましょう．私たちは前々節で，図5.3の確率推移図に従って，ゴルフを楽しめる確率を計算しました．図5.7は，その1部を転記したものです．

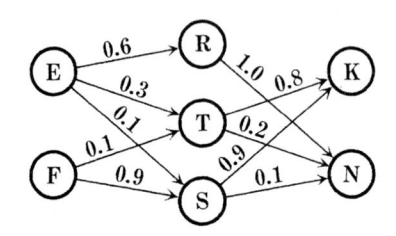

E：急用発生　R：帰社　K：ゴルフOK
F：急用なし　T：電話処置　N：ゴルフNO
　　　　　　　S：処置不要

図5.7　もういちど，確率過程を

さて，こんどの設問は，つぎのとおりです．ゴルフに出かけた要人の奥さんが，要人に連絡をとりたいと思い，ゴルフ場に電話したところ，「ご主人はゴルフをキャンセルされましたが，いまどこにおられるかは存じません」という返事でした．会社に急用が発生したためにゴルフができなかったのでしょうか．それとも，急用はないにもかかわらず他の理由でゴルフをキャンセルしたのでしょうか．つまり，図5.7でいうなら，Nという状態が起こったことが確認できたとき，それがEとFのどちらが原因となって起こったのかを推測しようというわけです．

これに答えるのは，むずかしくありません．まず，Eが起こったときにNが起こる確率を求めてください．

$$
\left.\begin{array}{l}
E \to R \to N の確率 = 0.6 \times 1.0 = 0.60 \\
E \to T \to N の確率 = 0.3 \times 0.2 = 0.06 \\
E \to S \to N の確率 = 0.1 \times 0.1 = 0.01
\end{array}\right\} \text{計} 0.67 \quad (5.17)
$$

いっぽう，Fが起こったときにNが起こる確率は

$$
\left.\begin{array}{l}
F \to T \to N の確率 = 0.1 \times 0.2 = 0.02 \\
F \to S \to N の確率 = 0.9 \times 0.1 = 0.09
\end{array}\right\} \text{計} 0.11 \quad (5.18)
$$

です．つまり，Eが原因でNが起こっている確率と，Fが原因でNが起こっている確率との比は

$$0.67 : 0.11$$

なのです．したがって，Nが起こったことを確認した時点でその原因がEである確率を推算するなら

$$\text{Eが原因である確率} = \frac{0.67}{0.67+0.11} \fallingdotseq 86\% \quad (5.19)$$

であり，また

$$\text{Fが原因である確率} = \frac{0.11}{0.67+0.11} \fallingdotseq 14\% \qquad (5.20)$$

と計算されます．ゴルフをキャンセルした理由は，やはり，会社に急用が発生したためと判断するのが妥当なようです．

この考え方は，**ベイズの定理**として，よく知られています．この定理を一般的に書くと，つぎのようになります．実際にBという事象が起こったとき，それが A_i に起因している確率は

$$\frac{P(A_i)P(B\mid A_i)}{P(A_1)P(B\mid A_1)+\cdots+P(A_n)P(B\mid A_n)} \qquad (5.21)$$

ここで，$P(A_i)$ は A_i が起こる確率

$P(B\mid A_i)$ は A_i が起こったときにBが起こる条件付き確率

で表わされます．

この定理は，事故などの原因探究はもとより，非常に広い応用範囲を誇っています．確率計算がからむところには，どこへでも顔を出すといっても過言ではありません．*

ともあれ，ベイズの定理を利用した原因探究は，図5.6でいうなら，現時点Cから過去へさかのぼってBを経由し，Aを推測していることになります．そこで，3ページ前の記述と合わせて，この節

---

* ベイズの定理の応用から，予測に関連ありそうなものを1つだけご紹介しましょう．生起確率がまるで見当もつかないような事象の場合，その事象が連続して n 回起こったら，つぎにもその事象が起こる確率は，

$$P = \frac{n+1}{n+2}$$

と予測されます．詳しくは『戦略ゲームのはなし』，187ページをごらんください．

の標題を「原因を予測する」とさせていただいたわけです.

推測統計は予測の一部

 話題が変わります.私たちの生活は,いまや,科学文明が生んだ多くのシステムや製品によって支えられています.そして,システムや製品が高い信頼性を備えていなければ,私たちの生命や財産さえ保障されないのが実情です.私たちが日常的に利用している高速の乗り物や巨大な建造物,張りめぐらされた通信網やコンピュータなど,どこに故障が起こっても私たちの命や財産が瞬時に失われかねません.

 そこで,そのようなシステムや製品に高い信頼性を作り込むために,あの手この手を総動員して,たいへんな努力が傾注されているのですが,その中のひとつとして,つぎのような事例を考えてみてください.

 ある部品——たとえば,ある種のスイッチとでも思っていただきましょう——の寿命が決められた値以上であることを実証するために,n個のスイッチを並べ,いっせいにONとOFFを繰り返します.ぜんぶのスイッチが故障し尽くすまでテストを繰り返せば,もちろん,寿命の分布も平均値も判明します.けれども,もともと信頼性の高い,つまり寿命の長いスイッチをテストしているのですから,ぜんぶが故障するまでテストを繰り返していたのでは時間がかかりすぎ,そのスイッチが組み込まれるシステム全体の信頼性設計に間に合いません.

 こういうときには,テストを途中で打ち切り,それまでに発生し

た故障のデータによって,さらにテストを継続した場合に起こるであろう故障の有様を予測する方法が採られます.テストの打切り方には,規定の個数が故障した時点で打ち切る方法と,規定の回数までON-OFFを繰り返したところで打ち切る方法の2種類がありますが,ここでは区別する必要はないでしょう.

かりに,スイッチが故障するまでのON-OFFの回数をxで表わし,寿命が短かった順番にx_1, x_2,……として,i個まで故障したところでテストを打ち切ったとしましょう.そして,寿命のデータを短い順序に並べてみれば図5.8のように書けるはずです.こうしてみると,途中打切試験の本質は,過去のデータで将来のデータを予測し,これらの両方をいっしょにして信頼性を評価しているのだと気がつきます.そして,過去のデータで将来のデータを予測する方法の基礎は確率とその応用です.確率による予測は,このようなところでも重要な役割を果たしているわけです.*

$$\underbrace{x_1 < x_2 < \cdots\cdots x_i}_{\text{ここまでのデータで}} < \underbrace{x_{i+1} < \cdots\cdots < x_n}_{\text{これらを予測する}}$$

図5.8 途中打切試験で信頼性を予測する

この節で,突然,信頼性工学のひとつの技法などを持ち出して,ここにも確率による予測があると吹聴したのには理由があります.途中打切試験では,図5.8にも描いたように,一部の観測値

---

* 途中打切試験はもとより,製品に信頼性を創り込んだり評価したりするための信頼性工学については,『信頼性工学のはなし』を参考にしていただければ,と思います.

をもって全体を予測しようとしているのでした．ところが，一部の観測値で全体を予測するといえば，それは推測統計そのものです．

もちろん，途中打切試験では観測値は過去の故障であり，予測するのはまだ起こっていない故障ですから，時間的な過去と未来の対照がはっきりしているのに対して，推測統計では必ずしも過去のデータで未来の姿を予測するという形になるとは限りません．そのためか，推測統計は予測であるとみなすことはめったになかったように思います．けれども，既知の情報によって未知の情報を推し測ることを「予測」と拡大解釈するなら，推測統計は明らかに予測の一手段ではありませんか．

それにもかかわらず，推測統計と予測の関連に触れている統計の教科書や参考書は多くありません．これでは，手段に気をとられて目的を見失っていると野次られてしまいそうです．推測統計はまるごと予測の手段にすぎないなどと言うつもりはありませんが，ある程度はそのような意識も必要ではないでしょうか．

ゲームと予測

またもや，話題が変わります．こんどは，ゲームと予測です．ゲームの中でも確率的な運がはいり込みにくい将棋や碁は，まさに予測の勝負です．互いに相手が打つ手を予測し合いながらゲームを進めて，予測が当たる率が高いほうが勝利の美酒に酔うのでしょう．

もっとも，互いにヘボのうちは相手の打つ手などまったく予測も

せずに打ち進み，1手ごとに，アレッ，オヤッ，そんなバカな，の連続で，単に運のよかったほうが勝つだけ，というゲームも少なくはないようです．それに，関西棋院の橋本昌二九段に「碁は相手との精神的な格闘技でしょうね」と尋ねたところ「そうではありません．完全に自分自身との戦いです」というご返事でしたから，名人クラスになると別の意味で予測の勝負とは言えないのかもしれません．

いずれにしても，将棋や碁などにおける予測は，それぞれの「読み」という固有の技術であって，予測の一般論には馴染まないようですから，ここでは深入りしないほうがよさそうです．ここで採り上げるゲームは，いわゆるゲームの理論の題材となるようなタイプのゲーム，すなわち，互いに選択できる手がいくつかあり，それぞれの手の組合せによって利得が決まるというタイプのゲームに限定し，その中で予測がどのような役割を果たすかを調べていこうと思います．

ゲームの理論の題材となるゲームにはいろいろな型がありますが，そのほんの一例として，ここでは表5.3のようなゲームを使います．*すなわち，IとJがゲームをするとして，IはI_1とI_2の手を選ぶことができ，JにはJ_2と

表5.3　Iの利得表

Iの手＼Jの手	J_2	J_3
I_1	1	3
I_2	4	2

* 表5.3のゲームは，『戦略ゲームのはなし』，132ページのものと，まったく同じです．ゲームを解明する手順については，この本ではだいぶはしょってしまいましたので，もし必要があれば『戦略ゲームのはなし』のほうを参照していただきたいと存じます．

J_3 の手があります．もし，I が I_1 の手を使ったときに J が J_2 の手を出してくれば，I は 1 だけ儲け，J は 1 だけ失います．同様に，Iの I_2 の手と J の J_3 の手がぶつかれば I の稼ぎは 2 で，そのぶんだけ J は損をする……と，この表を読んでください．

さて，I の立場にたってみると，J が J_2 でくれば 4 も稼げると期待して I_2 を使うと J は J_3 に逃げてしまう，それならせめて 3 だけ稼ごうと手を I_1 に変えると J は J_2 に変えてしまうので 1 しか稼げない，それではと I_2 に変えると J_3 に変えられてしまう……とぐるぐる廻りです．そこで，I_1 の手と I_2 の手を適当に混ぜて使いわけながら儲けを最大にしようと考えます．ちょうど，ジャンケンで手を混ぜるようにです．

ところが，この事情は J にとっても同じです．こうして両者はそれぞれ手を混ぜて使いながら利得を最大に，あるいは損失を最小にしようとするのですが，はて，どのように手を混ぜるのが最良の戦法でしょうか．いま

   I が I_1 を使う確率を x
   I が I_2 を使う確率を $1-x$
   J が J_2 を使う確率を y
   J が J_3 を使う確率を $1-y$

としましょう．そうすると，I_1 と J_2 がぶつかる確率は xy で，そのときの I の利得は 1 ですから，そのぶんの期待値は xy，……ということなので，I の利得の期待値 E_1 は

$$E_1 = xy + 3x(1-y) + 4(1-x)y + 2(1-x)(1-y)$$
$$= -4(x - \frac{2}{4})(y - \frac{1}{4}) + \frac{5}{2} \qquad (5.22)$$

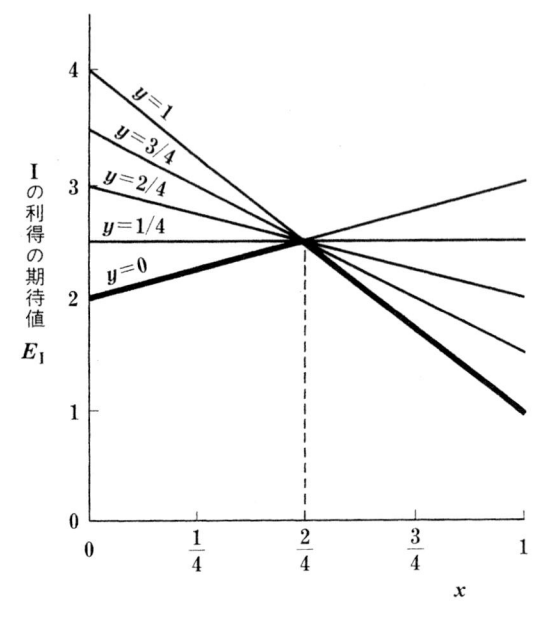

図 5.9　I の稼ぎの期待値はこうなる

で表わされます．そして，この関係を図示したのが図 5.9 です．

この図を見ながら，I がとるべき作戦を考えてみてください．つぎのようになるに，ちがいありません．

（1）J が J_2 と J_3 を混ぜて使っているとはいいながら，つぎの勝負で J が使う手を予測できるなら，J_2 に対しては I_2 を，J_3 に対しては I_1 をぶつければ，完勝まちがいなし．J が使う手を予測できるかどうかは，J の混ぜ方に一定のパターンがあるか否かにかかっています．一定のパターンが継続されているなら，過去からの延長線上で未来を予測するという，予測の本質がそのまま利用でき

るでしょう．Jが，乱数表*を使うなどして，パターンを消滅させていれば，予測はできず，荒稼ぎは期待できません．

（2）Jの手を予測できなければ，I_1とI_2を1/2ずつ混ぜて使いながら，Jの手の混ぜぐあいを観察しましょう．xを1/2にしておけば，Jの手の混ぜぐあいyがいくらであっても，2.5の利得が期待できるからです．ただし，I_1とI_2の混ぜ方に一定のパターンを作ってはなりません．相手にこちらの手を予測する手掛かりを与えてしまい，惨敗するおそれがあります．

（3）J_2の使われ方が1/4より少ないようなら，I_1の手を多めに使いましょう．稼ぎは僅かですが上昇するはずです．I_1の手を多くしすぎて，その傾向を見破られてはいけません．

（4）J_2の使われ方が1/4より多いようなら，相手に気づかれない程度にI_1の手を減らしてください．稼ぎは少し上昇するでしょう．

（5）相手の戦法が読みとれないか，相手もこちらの戦法を解析している疑いがあれば，I_1とI_2を1/2ずつ混ぜて使い続けるのが安全です．もちろん，混ぜ方に一定のパターンが生じないように細心の注意をはらわなければなりません．

このように解析してみると，ゲームに勝つ秘訣は相手の戦法のパターンを読み取ってつぎの手を予測すること，ゲームに負けない秘訣は相手に予測させないようにパターンを作らないこと，と結論づ

＊ 人間の意思がはいらずに偶然によってでたらめに作り出された数字を並べたものを乱数表といい，所望の確率を得るために使われます．乱数表の使い方は『確率のはなし（改訂版）』，175ページ，『ORのはなし』，177ページ，『シミュレーションのはなし』，96ページ，などに詳しくご紹介してあります．

乱数表

パターンを作るな
予測されるぞ！

けられそうです．将棋の大山名人は生前「プロには得意な手があってはならん．その手をねらい打ちされるから」と言っていたそうですが，これも得意なパターンを持つと，そのぶんだけ相手の予測を正確にしてしまうことを戒めているのでしょう．

　ゲームは予測の勝負です．相手がどう予測するかを予測し合う勝負です．そのためには，こちらが打つ手に一定のパターンを作ってみせて相手の予測を誘い，それを逆手にとって勝利するような策略も必要かもしれません．いずれにしても，予測は過去や周辺の傾向とかパターンを解析した情報の上にのみ成り立つという鉄則を，もういちど確認しておきたいと思います．

6. あの手この手で予測する

予測は純粋科学ではありません．いつも過去のデータがおあつらえむきに揃っているとも限らないし，未来の姿も数理的に計算できるとも限らないからです．それでも現実には，予測をしなければ判断も決心も行動もできないことがたくさんあります．そこで，手掛かりになりそうなものはなんでも利用して予測するための，あの手この手を見ていただこうと思います．正直な話，数式を使ったきれいごとの予測より，こちらのほうが役に立ちそう……．

専門家の見識を集めてデルファイ法

だいぶ前の話になりますが,戦乱のつづく南ヨーロッパの某国で,美人コンクールの女王に選ばれた17歳の少女が,インタビューに答えて「明日,生きているかどうかも,わからないから……」と言葉を濁しているニュースを見て,世界の現実のきびしさに胸が痛みましたが,平和な日本では有難いことに,これほどの冷厳さはありません.せいぜい,「ケ・セラ・セラ,なるようになるさ,あしたのことなど,わからない……」という程度でしょう.

それも,あす起こることに危機感をもっているわけではなく,どうせ,たいしたことは起こらないさという程度の安易なムードがいっぱいです.なにしろ,昨日と今日の延長線上に明日があり,昨日も今日もたいしたことは起こらなかったのですから,明日に対する期待など芽生えるはずもないでしょう.

多くの人たちは,ケ・セラ・セラというほど退廃的なムードでいるわけではありませんが,やはり,過去からの延長線上に明日があり,したがって,明日も平穏な日であろうと予測して,安らかな日々を送っていることは事実です.そして,その予測の仕方といえば,たいていは,経験や勘が頼りの漠然としたものです.

経験や勘が頼りの予測は,なにしろ日常的な予測はほとんどこれで済ませているのですから,決して悪いというわけではありません.けれども,それだけでは個人差が大きかったり,時や場所によって異なったりするので,科学的ではありません.そこで,経験や勘を科学的に利用する予測法を採り上げてみようと思います.

私たちは,第1章以来,過去や周辺の傾向をばっちりと解析して

6. あの手この手で予測する

未知の情報を予測する手法に挑戦しつづけてきました．けれども，過去や周辺の傾向を示す数値的なデータがいつも手に入るとは限りません．それどころか，これだけ複雑・多様で，めまぐるしく変動している社会の中で，長期あるいは広範囲にわたる等質なデータが記録されていることなど，めったにないのです．そこで，175ページでも触れたように，細かいそごや矛盾には目をつぶり大筋だけをモデル化したり，また，データが欠けているところは実験的にデータを集めて補ったりして，なんとか科学的な予測の手法を利用しようと努力することになるわけです．

ところが，そのような努力をしても，いままで紹介してきた予測の手法が使いにくいような予測の対象が，なお，たくさん残されています．たとえばの話，5年後の初場所のとき，外国人の関取はなん人いるでしょうか．火星に人類が降り立つのは，なん年の後でしょうか．首都の移転は，いつ実現するでしょうか．日本国内で新種の哺乳類が発見されるとすれば，それはどの県でしょうか．わが娘は，なん歳で結婚するでしょうか．

これらの事象にしても，予測のためのデータがまったくないわけではありません．外国人の関取の数は，高見山が十両に昇進してからこのかたの時系列データが完全に揃っています．ですから，そのデータを適当な曲線で回帰し，5年後を外挿すれば予測値を算出するのはむずかしくありません．そして，この予測値もおおいに参考にはなるでしょう．

しかし，こうして算出した値がもっとも確からしい5年後の予測値であると信じる方は少ないのではないでしょうか．ここ十数年の間に，すもう界を取り巻く環境はずいぶん変わりましたし，とくに

外人力士の入門希望，受入れ，養成などの状況は著しく変化しましたから，過去の傾向を延長した先に未来を見るのは正しいとは思えないからです．

このような予測よりは，すでに来日して角界に入門している外国人力士を調べて，5年以内に十両以上に昇進しそうな有望力士を数え，すでに活躍中の外人力士の5年後を想定し，さらには部屋持ちの親方衆の外人力士養成にかける意欲を探り，すもう協会の外人力士に対する処遇や制限などの動向も考慮し，角界の事情に疎い私には思いつかない各種の状況も勘案して予測するほうが，きっと正しい予測になると思いませんか．

もちろん，このような予測ができるのは角界の事情に通じた方に限られるでしょう．ただし，角界の事情に詳しい方たちであっても意見はずいぶんばらつくに相違ありません．各人がそれぞれの経験や勘に基づいて有望力士を見抜いたり，角界の動向を見きわめたりして予測するわけですが，各人の経験や経験の所産である勘がそれぞれ異なるからです．

とはいうものの，各人の経験や勘は予測にとって貴重な宝です．繰り返し書いてきたように，予測の拠りどころは過去のデータであり，経験や勘は，数値的に整理されていないにしても，過去の貴重なデータだからです．そこで，多くの専門家の頭の中に蓄えられた過去のデータをじょうずに引き出し，それらをうまく総合すれば，過去のデータが数値的に整理，記録，保存されにくいような事象についての予測ができようというものです．このような目的のために開発された予測の手法が**デルファイ法**です．

デルファイ法は，軍事関係の調査・研究で名高いアメリカのラン

ド研究所で開発された技法で，音楽の神であると同時に医術・詩芸などもつかさどり，また，予言の神としても広く崇拝されたアポロンの神殿が，ギリシアの古代都市デルファイにあったことに由来して命名されたといわれています．その方法は，簡単にいうと，つぎのとおりです．

5年後の外人関取の数を予測しようと思います．まず，角界の事情に詳しい親方衆，評論家，記者などを選定してください．なるべくバラエティに富んだ人たちを選びたいのですが，角界を公平に観察できる資質を持っていることが必須の条件です．数は多いほどいいとはいうものの，数をふやして質が低下するのは避けなければなりません．常識的にいえば十数人～数十人でしょう．ここでは説明の都合で13人とします．

人選がすんだら，その方たちにアンケート調査に協力してくれるよう要請し，「5年後の初場所のとき，外国人の関取はなん人いると思いますか」との質問に答えてもらいます．アンケートは文書でも電話でもかまいませんが，過去からいままでの外人関取のリストと現在の外人力士の一覧表などの資料を送るとともに，考える時間はじゅうぶんに与えてください．ただし，答を誘導するような言動は慎んでください．

さて，13人から回答が集まったとしましょう．そうしたら，回答の人数を大きさの順に並べてください．

      3   4   4   6   7   7   7   8   8   9   10   12   13

というようにです．つぎに，13個の値を4等分し，その境にある3つの値を取り出してください．3つの値のうち中央の値は，全体としても中央に位置する値なので**中央値**といい，いちばん大きな値

を**上四分位値**，いちばん小さな値を**下四分位値**といいます．*

　　　　　3　4　4　6　7　7　7　8　8　9　10　12　13
　　　　　　　　↓　　　　　　　↓　　　　　　↓
　　　　　下四分位値(5)　　中位値(7)　　上四分位値(9.5)

というぐあいです．

　いまの例では，集められたデータの数は13個です．したがって，4等分すると3.25個ずつになるのですが，細かいことは気にしなくて構いません．ただ，データの数が偶数であったりして4等分の境い目がちょうど2つの値の間にきたときには，両側の値の平均値を採用するようにしてください．

　このようにデータの整理が終わったら，アンケートに応じてくれた方々に対して，2回めのアンケート調査を行ないます．こんどは，1回めの回答から得た中央値，上四分位値，下四分位値を付記して，再び「5年後の初場所のとき，外国人の関取はなん人いると思いますか」との質問に答えてもらうのです．

　回答を求められた方たちは，こんどは1回めの調査結果，すなわち，中央値は7人，上四分位値は9.5人で下四分位値は5人だから，回答者の半数は5～9.5人を予測しており，9.5人以上を予測した方は僅か1/4，5人以下を予測した方も僅か1/4であることを知ったうえで，回答することになります．ほかの専門家の予測を知ったうえで回答するのですから，自分の予測を見直して1回めと

---

　　* 中央値は中位値ということもあり，メディアンのことです．また，四分位値は四分位数ということもあります．なお(上四分位値−下四分位値)/2の値は**四分偏差**といわれて，数値のばらつきの大きさを表わす軽易な値として使われます．

は異なる回答をする方もいるし,依然として自説を曲げない方もいるでしょう.

こうして,2回めの回答が集まったら,1回めのときと同じ手順で中央値,上と下の四分位値を求めてください.新しい中央値は1回めより大きくなったり小さくなったりすることもあるし,あまり変わらないこともありますが,上と下の四分位値の差は1回めより縮まるのがふつうです.専門家たちの意見が収れんしはじめているのです.

つづいて3回めのアンケート調査をします.2回めの回答から得た中央値と上と下の四分位値を付記して,1回め,2回めと同じ質問に答えてもらってください.こんども,意見を修整して回答してくれる方もいれば,前と同じ答を寄せる方もいるでしょう.

こうして集めた3回目の予測データが

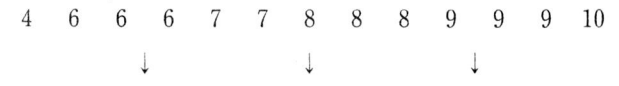

4　6　6　6　7　7　8　8　8　9　9　9　10
　　　　　↓　　　　　　　↓　　　　　　　↓
　　　下四分位値(6)　中央値(8)　上四分位値(9)

であったとしましょうか.1回めの回答と較べると専門家たちの意見がかなり集約されているではありませんか.さらに,4回めのアンケート調査を行なっても,これ以上のめざましい意見の集約は望めそうもありません.それに,あまりしつこくなると回答者が腹を立てていい加減な答をする可能性さえあります.こういうわけで,3回くらいで調査を打ち切る場合が多いようです.

このようにして専門家の経験と勘に秘められたもろもろのデータを集約して予測するのがデルファイ法です.そして,予測の結論は図6.1のように表示するのがふつうです.すなわち,中央値を中心

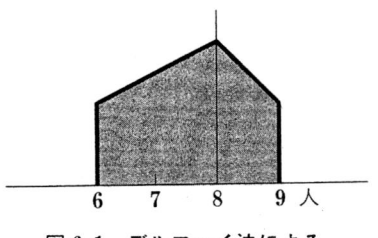

図 6.1 デルファイ法による予測の表わし方

にして上と下の四分位値までの範囲を将棋の駒を押し潰したような図形に描くのです．駒の高さに意味を持たせることもありますが，たいていは駒の幅だけが重要です．5年後の初場所における外人関取の数は，角界の事情に詳しい人たちの予測によれば「8人くらいの見通しが強く，まあ，6人から9人までの間だろう」というような予測となりました．

デルファイ法を使いこなす

デルファイ法は，専門家に対するアンケート調査です．したがって，一般のアンケート調査につきまとう問題点をそのまま持っていることも事実です．問題点は2つに大別できるでしょう．1つは，アンケート調査に協力してもらう方の人選で，もう1つは，質問の仕方です．

まず，人選です．議員の選挙は思慮深い人も1票，なにも考えない人でも1票で，これでは悪平等ではないかとの意見があっても，それに代るうまい方法がないので，20歳になったとたんに全員に画一的な1票が与えられますから否も応もありません．けれども，デルファイ法では勝手に人選するのですから，偏りがはいる可能性があります．調査テーマについて実力のある人を選びたいのですが，実力の判定がむずかしく，うっかりするとノイジィ・マイノリ

ティばかりを選んでしまいかねません.調査を主宰する側の眼識が問われるところです.

　人選についてのもうひとつの注意事項は,専門家といわれる人たちの中には専門以外の分野について視野が狭い人が少なくないことです.文部科学省技術政策研究所では5年ごとにデルファイ法による大がかりな「技術予測調査」を行なっていますが,あとから振り返ってみると,情報・通信やエレクトロニクス分野のように純粋に技術的なテーマについては予測がよく当たっているのに,保健・医療・福祉やエネルギー資源のように政策や社会環境などに左右されやすいテーマでは予測の外れが目立ちます.これも専門家の視野が技術的な可能性だけに向けられてしまうことが一因なのでしょう(図6-2).

分類	課題名	実現時期	寸　評
エレクトロニクス	家庭用光ファイバ送受信ユニットが5,000円程度で生産される.	2009年	当り.家庭へのインターネットの普及により飛躍的に進歩しました.
保健・医療・福祉	AIDSの治療法が実用化される	2009年	外れ.早く,そうなってほしいものです.

図6.2　技術予測の当りと外れ
(出典:『第6回技術予測調査』,文部科学省技術政策研究所,1997年版)

　この欠点を補う方法として,さまざまなくふうが試みられています.たとえば,アンケート調査を2段階に分け,第1段階では専門

家というよりは広い視野でものを見られる人たちを選んで,件の
テーマを予測するに当たって考慮しなければならない要因を抽出し
てもらいます.外人関取の予測の例でいうなら

　　(1)　5年以内に十両以上に昇進する現役の外人力士の数
　　(2)　現役の外人関取のうち,5年後も関取でいる力士の数
　　(3)　これから入門して5年後に関取になっている外国人の数
　　　　(入門制限など,角界の動向に注意して)

というようにです.

　第2段階では,こんどは角界の親方衆を対象に,上記の(1),
(2),(3)のそれぞれについてデルファイ法を実施し,回答を収
れんさせます.そして最後に,(1)と(2)と(3)を確率的に加
算して予測値とすれば,いきなり「5年後の外人関取の数は」と質
問するより,見落しのない予測になろうというものです.

　アンケート調査につきまとう,もう1つの問題点へと話をすすめ
ます.一般の世論調査では,質問文のテニヲハが変わるだけでも回
答のパーセントが変わるし,質問項目の並べ方によっても回答が変
わるほど質問の仕方は回答に大きな影響を与えます.同じような目
的の世論調査の結果が,作為的であるとは思いたくありませんが,
A紙とY紙とで大きく異なることがあるのは,よく目にするとお
りです.

　デルファイ法の場合も,一般の世論調査ほどではないにしても,
質問の仕方によって回答が影響を受けることは免れません.たとえ
ば,6行めの(3)の項に( )内の注意書きをつけるか否かで,たぶ
ん,回答は少し変わるでしょう.そこで,質問の仕方などについて
も,いろいろなくふうが考えられています.

6. あの手この手で予測する

　一般には，情報が多いほど予測も正しくなると考えるのが当然ですから，参考になりそうな情報を整理して配付するほうがいいでしょう．また，各回の回答に，予測にあたっての前提とか予測の理由などについてのコメントを付記してもらい，次回の質問の際にそれを全員に知らせるのも有効な手でしょう．これらのコメントのうち，一般の方に役立ちそうなものは，予測の結論にも付記しておきたいものです．

　デルファイ法の過程でいささか荒っぽいのは，1回めのアンケートで上四分位値から上へ外れたり，下四分位値より低い回答を寄せた人たちについては，なぜ極端な値を予測したかについてのコメントはいただくけれど，次のアンケート以降では除名してしまうというやり方です．回答の収れんを速める効果はある反面，天才的な予測を排除してしまう危険もありそうです．

　これでデルファイ法のご紹介は終わりにしますが，デルファイ法の手順は予測の場合ばかりでなく，なん人かの意見を集約したい場面で有効に利用できることを申し添えておきましょう．*

＊　デルファイ法の手順を応用する一例が『評価と数量化のはなし』，123ページにご紹介してあります．

ほかの指標で予測する

　西の空がまっ暗になれば，ザーッとくるなと私たちは思います．自然現象の多くは連続的に変化しますから，前兆を探知できればあとにつづく現象を予測できることが少なくありません．天候に左右されやすい暮らしをしていた先祖たちが，「ネコが顔を洗うと雨」，「ツバメが低く飛べば雨」，「富士が傘をさすと風，帯を締めれば雨」，「朝霧は雨，夕霧は晴れ」など，数えきれないほどの故知，俗信を生み出しているのも，天候を予測するための努力の顕れでしょう．

　前兆を探知することによって，あとにつづく現象を高い確率で予測できるなら，それは有効な予測の手段であることはまちがいありません．もちろんそのためには，前兆と予測される現象の間に強い相関があることが必要です．その相関が理論的に説明できるもの，たとえば，西の空がまっ暗になれば間もなくにわか雨がくるとか，冬の積雲が多かったから夏の渇水は心配ない，というような類は，私たちの日常の予測にとっくに採用ずみです．問題は，相関の存在や因果関係が明瞭ではない場合なのですが，問題含みとはいえ，経験的に前兆と予測する現象の間に相関が認められるなら，それを利用しない手はありません．そこで，現実にはさまざまな試みがなされています．

　たとえば，地震の前兆についてです．予告なしに起こる大地震は大きな災害をもたらしますが，予報することができれば逃げ遅れによる死亡や負傷，火災の発生などはかなり予防できるにちがいありません．そこで，歪計や傾斜計などが察知する異常な地殻の動き，

地磁気や地電位などの異常な変化，その他さまざまな前兆現象と地震との相関が研究され，かなりの成果を挙げつつあると聞いています．

おもしろいのは，昔から「井戸水が急に減ると地震がくる」とか「井戸水が濁ると地震」といわれてきましたが，確かに地下水の水位・水温・化学成分などの変化が地震の前に起こることがあるのだそうです．それに，「地震の前には牛があばれる」，「近海の魚群が急に減るのは地震の兆し」とか「キジが鳴くと地震がくる」という言い伝えもあるように，動物の異常行動も地震の前兆として興味ある研究テーマなのだそうです．

自然現象から社会現象へと話題を変えましょう．ゴルフ会員権の価格の変動は，株価の変動より数カ月おくれて現われるから，株価を見ていればゴルフ会員権の値段の変動を予測できるという説があります．ゴルフ会員権は優先的にプレーをする権利ですし，株は株式会社の業績に対する投資ですから，この両者はもともと無関係なはずなのです．しかし，両者とも投資という一面をもっていますから，金銭の流れという共通点があるために連動が見られるのかもしれません．

それにしても，なぜ株価のほうが先行して変動するのか，会員権の相場は土地，あずき，金などの商品よりはほんとうに株価との連動のほうが強いのか，などについて定説があるわけでもありません．それでも，経験的に株価より数カ月おくれて会員権の相場が動くと認められているなら，会員権の相場の予測に株価を利用しても文句をいう筋合いでもないでしょう．このような場合，株価はゴルフ会員権価格の**先行指標**として役に立つ，などといわれます．

景気動向を予測する先行指数

　先行指標の中で有名なのは,景気の動向を判断し予測するための先行指数でしょう.景気の現状を正確に把握するとともに将来の動向を予測することは,国や地方の行政にとっても企業の経営にとっても重要であることは論をまちませんが,実をいうと,現状を把握することさえ容易ではありません.各種のデータを集めて整理し解析をする作業に,数週間あるいは数カ月かかってしまうからです.これでは行政も経営も後手に廻り,へたをすると対策が手遅れになってしまうではありませんか.

　そこで,内閣府は1カ月ごとに景気動向指数を作り,国の行政に反映させるとともに,一般にも公開しています.景気動向指数は,景気の動向を先取りする「先行指数」,景気の現状を示す「一致指数」,景気の動向をあと追いしながら確認する「遅行指数」の3種類に分かれています.そして,3つの指数ともいくつかの値を合成して作った総合指数です.＊

　もっとも,合成の仕方はいたって簡単です.一例を先行指数にとりましょう.先行指数を作り出す材料は,表6.1に示した12項目の値です.各項目ごとに3カ月前の値と比較し,増加している項目が12項目のうちなん%を占めるかを算出するだけです.その際,

---

＊　指数には,国内総生産指数のように1種類の数量の変化を表わす**個別指数**と,消費者物価指数のように2種類以上の数量を混ぜ合わせて作る**総合指数**とがあります.なお,指数はある年や場所などを基準にして比較するときに使われる値をいうのがふつうですが,そのほかにも,いろいろな意味に使われたりもします.

3カ月前と変わらない項目は0.5とかぞえ,データが揃わない項目は算定から除外しておき,データが揃ってから算定をし直します.なお,表6.1の中に(逆)と書いてある項目は,3カ月前より減少しているときにパーセント算定の中に加えられることは言うに及びません.

表6.1 先行指数に使われる値
(用語は少し変えてあります)

1. 最終需要財在庫率(逆)
2. 鉱工業生産財在庫率(逆)
3. 新規求人数
4. 実質機械受注
5. 新設住宅着工床面積
6. 耐久消費財出荷指数
7. 消費者態度指数
8. 日経商品指数
9. 長短金利差
10. 東証株価指数
11. 投資環境指数
12. 中小企業売上げ見通し

表6.1の項目を見れば,なるほど景気を先取りして動きそうな値が並んでいるなと思われませんか.これに対して,一致指数を作る11項目には営業利益とか商業販売額のように景気そのものを示すような値が並んでいるし,遅行指数の6項目には法人税収入や完全失業率などが使われているのが目をひきます.なお,これらの項目は社会構造の変化などに合わせてときどき変更されることも申し添えておきましょう.

ところで,先行指数の読み方には少し注意がいるのです.図6.3を見てください.先行指数が図のように変化しているとき,私たちはA点が景気の頂点に対応する前兆であると思いがちです.しかし,ちがいます.A点をすぎても,まだ12項目のうち半数以上が3カ月前よりいいのですから,景気は依然として拡大中であることを意味します.そして,B点を越すと12項目のうち半数以上が3カ月前より悪くなっているのですから景気は縮小に向かっているこ

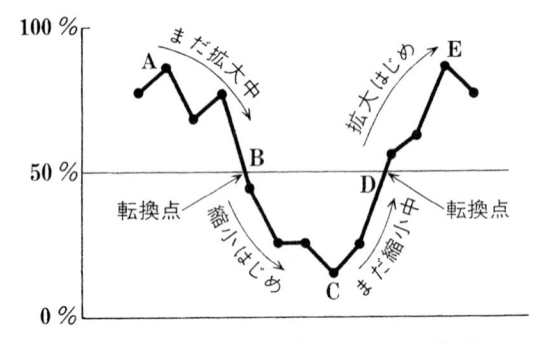

図 6.3 先行指数が 50% を横切るところが転換点

とを意味します．つまり，先行指数が 50% ラインを横切る B 点が，好景気から不景気への転換点なのです．同様に，D 点は不景気から好景気への転換点になっています．

経済企画庁やエコノミストたちは，この先行指数を参考にしながら数カ月から半年先の景気を予測するのですが，さて，その実績のほうはどうでしょうか．図 6.4 に最近 2 年間の先行指数と一致指数のグラフを並べてみました．グラフのでこぼこを少し減らしたほうが見やすいかと思い，3 時点移動平均のグラフも描いてみましたが，あまり変り映えがしないので，図 6.4 のまま見ていただくことにしました．

先行指数は 2008 年の秋から下がりはじめ，とくに 2009 年の半ばまでは 70% 代と低い値の連続です．したがって，2008 年の終わりから 2009 年の中ごろにかけて，景気はどんどん落ち込むと先行指数は予告していたことになります．事実，景気の状態を示す一致指数は，2008 年 10 月から 2009 年 3 月にかけて指数曲線的に低下していて，この予告が正しかったことを物語っています．

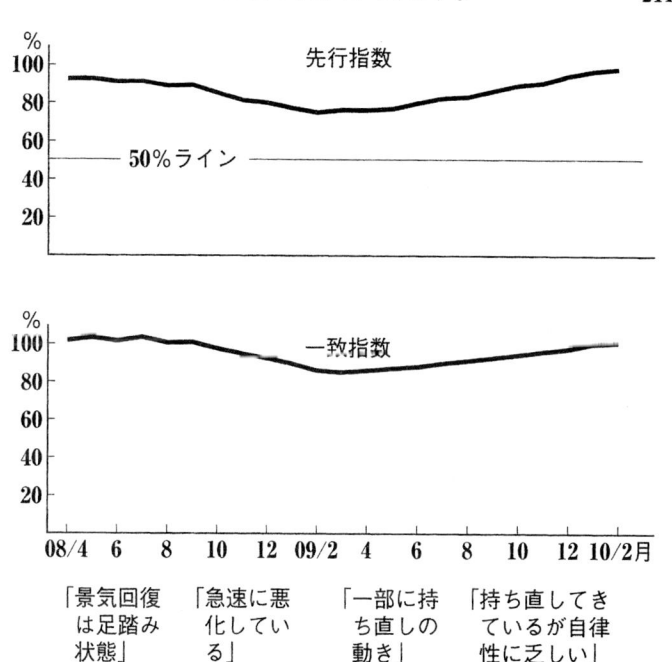

6. あの手この手で予測する　　　　　　　　　　　　　　　　*211*

図 6.4　景気動向指数の動き
(「　」の中は，政府のコメント)

先行指数は，2009 年の 2 月を底に徐々に上がりはじめ，2009 年 11 月には 90 ％を越え，2008 年秋に起こったリーマンショック以前の値に戻ってきています．そして，この本を書いている現在，2010 年 1 月の一致指数は 100 ％を越え，2 月も続けて 100 ％を越えたので，景気が回復したとはやし立てているところなのですが，さあ，どう

なりますやら…….

 それにしても,図6.4に付記した政府のコメントは,どうでしょうか.2008年7月までは「景気回復は足踏み状態にある」と回復という観点からコメントしているのに,2008年12月に「悪化している」となり,翌1月には「急速に悪化している」と,回復どころの話ではありません.だから,「景気は持ち直してきている」などというコメントを聞いても,高い失業率が続いているなかでは,にわかには信じられません.

 景気の判断は景気動向指数ばかりが頼りではないでしょうし,発表の内容やタイミングによる国内・国外への影響も考慮しなければならないことも理解できますが,それにしても,という感じです.政権が交代して,前政権の責任だという逃げ口上が漏れ聞こえてきたりもすると,まえがきに紹介した棋士の言葉を思い出してしまいます.

 無責任な悪口を書いてしまいました.ごめんなさい.けれども,先行指数のせっかくの予告を政府が信用せずに,景気対策が後手,後手に回ってしまった感は否めません.ただし,この先行指数の意味する内容についていろいろな議論があることも事実です.「先行指数が敏感すぎるのではないか」という議論があり,一部の間では「こわれた信号機」とさえ揶揄されているようですから,ずいぶん活発な議論が交わされているのでしょう.それはとても結構なことだと私は思います.

 景気変動を予測するための先行指数は,それが数ヵ月の後に現われる景気変動と強い相関を持っていると信じられる理由や実績があるから使われるのです.ところが実績のほうは,社会の構造やバラ

ンスが現在とは少し異なる過去のものしかありませんし，理由のほうも完全ではありません．したがって，先行指数が景気変動を予測するにふさわしい実力を保っているか否かについては，常に反省や見直しが必要でしょう．

　先行指標の代表として，景気の動向を予測するための先行指数にばかり深入りしてしまいましたが，このほかにもいろいろな先行指標が研究されたり提案されたりしています．土地の価格は大局的に見ればGDPに連動するから，GDPの推移によって地価の落着き先が予測できるとか，ゴミの収集量はGDPより少し先行して動くから，とくに景気の後退局面ではゴミの収集量がGDPの先行指標になる，などなどです．確かに，有効な先行指標を見つけることが予測の有力な手段であることは，まちがいないでしょう．

パターンを見破って予測する

　スカートの丈は，数年ごとに長くなったり短くなったりをくり返すといわれます．きっと，売行きを伸ばすためには目先を変えなければならず，さりとて短くするいっぽうでは公序良俗にもとる期待を生むので，短くしたり長くしたりをくり返しているのでしょう．背広の襟幅やネクタイの幅も広くなったり細くなったりをくり返していますが，これもコマーシャリズムのなせる業かもしれません．

　理由はどうであれ，経験的に察知した規則性を予測に利用しない手はありません．193ページに書いたように，ゲームに勝つ秘訣は察知した敵の手のパターンからつぎの手を予測することだったではありませんか．

自然現象や社会現象に潜む規則性にはいろいろなタイプがありますが、もっとも代表的なのは周期性でしょう．そこで，周期性に着目した予測が見事に成功した一例をご紹介しようと思います．1869年にロシアのD. I. メンデレーエフという学者は，元素を原子量の順番に並べてみると，一定の周期ごとに似たような性質の元素が現われることに気が付きました．もっとも当時はまだ発見されていない元素が多かったので，似たような性質の元素が周期的に現われるよう適宜に空欄をはさみながら元素を並べたというほうが実情かもしれません．

　こうして作られたのがいま使われている周期表の元祖なのですが，メンデレーエフ先生は，なんと，空欄のところに将来発見されるであろう元素の性質を予言するとともに，仮の名前までつけていたのです．その後，予言どおりの元素が発見されて，メンデレーエフ先生の予言が正しかったことが実証されました．まさに，パターンを見破って隠れた手を予測した好例ではありませんか．

　周期性といえば気になるのが，地震発生の周期説です．60〜70年くらいを周期として，同じ地域に大地震が起こるというものです．関東大地震が1923年ですから，東京に住む私としても気にしないわけにはいきません．もっとも専門家の意見では，大地震は同じ震源域からある間隔をおいて発生がくり返されることは地震発生のメカニズムからみても当然だけれど，間隔はまちまちで周期性があるというほどではない，とのことです．安心していいのやら，悪いのやら……．地震の予測については研究も進歩し，観測網も整備されてきたようですから，一応はその予測を信頼するとしても，経験的な周期説にも留意して，多少の心積りはしておこうと思って

います.

　世界経済については，コンドラチェフの波というのがあります.旧ソ連の経済学者コンドラチェフが，アメリカ，イギリス，フランスなどの卸売物価指数，国債価格，賃金，輸出入額などの長期的なデータを分析し，1922年に発表したものです．これは，景気の循環には特徴的なパターンが見られ，約50年の周期で循環しているというものです．そのほかにもジュグラーの波(10年周期)，クズネッツの波(20年周期)などがあると言われています．1930年代の世界恐慌は第二次世界大戦で切り抜けたからといって，リーマンショックに端を発したいまの世界同時不況も戦争によって切り抜けよう，などという輩が現れないことをくれぐれも願うばかりです．

　地震とか不況とか，暗い話がつづいたので，こんどはユーモラスな話で口直しをしましょう．いまではあまり聞かなくなりましたが，Pig cycle の話です．一般に，農作物の価格は1年おきに高低をくり返すといわれています．ある年に高ければ翌年は作りすぎるので安くなり，さらにつぎの年は作る人が減るために値が上がるというものです．同じことは養豚にも見られます．「豚周期」ともいわれる何ともかわいらしい名前がつけられていますが，これは，ほぼ3年ごとにくり返される豚肉価格と豚飼養頭数の周期的変動のことです．日本の養豚の多くは零細で副業が多いため，豚肉価格の値上がりとともに飼育しはじめ，作りすぎて価格が下がると飼育をやめるため，高低をくり返すことが多く，これを Pig cycle というのだそうです．「人の行く裏に道あり花の山」という名言が株式投資の世界にあるそうですから，Pig cycle を見抜いて高価なときに出荷するような養豚計画を作ってみてはいかがでしょうか．そして成功す

れば，これもりっぱな予測の戦果といえるでしょう．

　もっとも，豚肉価格のコレログラム（66 ページ参照）を描いてみると，確かに 3 年のところに山があるけれど，8 年のところにも山があるので，養豚業に賭けようという方は，よく調べてみてくだされ．

　過去のパターンを見破れば，それが予測のための有力な手掛かりとなることの代表として，過去のパターンが周期的である場合についての例を述べてきましたが，周期的でなくても，ある事象につづいて別のさる事象が起こったという実績があれば，それも予測の手掛かりになりそうです．世界大恐慌は第 2 次世界大戦によって切

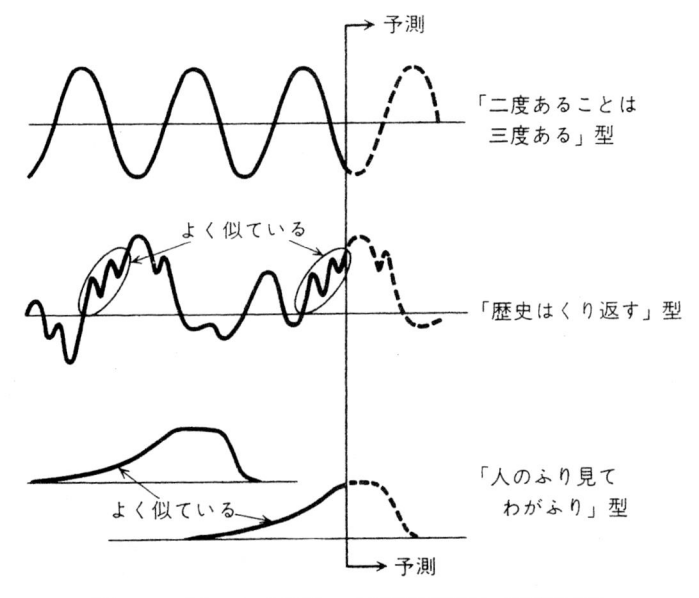

図 6.5　パターンを見破ったり平行移動して予測する

り抜けたのだから，2008年秋から始まった不況も……と予測するようにです．「歴史はくり返す」といわれますが，そしてそれは予測の有力な手掛かりなのですが，くり返して欲しくない歴史があることも事実でしょう（図6.5）．

歴史というほど大げさな話ではありませんが，なにかの異状に気付いたとき，過去に似たような異状がなかったか，あったとすればその後どうなったかを思い出す努力は，ときとしてたいへん有効です．胃のあたりに妙な重さを感じたとき，ずっと前に同じような重さを感じたにもかかわらず，冷たいビールを飲んだため七転八倒の苦しみを味わったことを思い出すようにです．なんべん痛いめに逢っても懲りない人がいますが，予測の基本姿勢がいささか欠けるのではないでしょうか．

パターンを平行移動して予測する

話が変わります．うら若い女性と結婚するときには，その女性の母親を見ろ，といわれます．母親の姿によって花嫁の20～30年後の姿が予測されるからです．先行する見本があるなら現在を平行移動してそれを重ね合わせてみれば，将来の姿が見えてこようというものです．

韓国は日本と似た特徴を持つ国です．そこで，日本の実績と重ね合わせて韓国の将来を予測してみた一例が，図6.6です．日本の農林水産業従事者が経済活動人口に占める割合は1991年には6.1%でしたが，年とともに低下の一途をたどり，2005年には3.0%まで減少しました．これに対して韓国の農林水産業従事者は，1991年には

図 6.6　パターンを平行移動して予測する

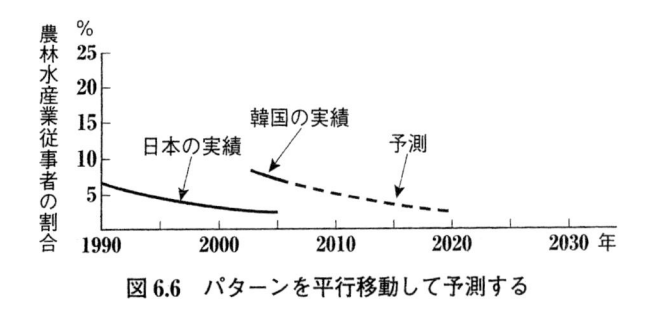

23.6%あったのが，日本と同じように減少の一途をたどり，2005年には7.2%まで減少しました．これから先も日本の先例にならって低下するとすれば，図に点線で記入したような経過をたどることでしょう．

図6.6を見てみると，農林水産業従事者の推移については，日本と韓国の間に約15年のずれがあります．けれども，15年のずれは少し大きすぎるように思えます．そこで，視点を変えて1人あたりの自動車の保有台数も調べてみました．それが図6.7です．日本の実績は，ほぼ頭打ちになってきています．若者の車離れが著しくなってきているようなので，これから先は，減少に転じるかもしれません．

いっぽう，韓国では2003年に0.304台／人ぐらいだそうですから，日本の1991年ぐらいに相当します．やはり，10年以上のおくれがあるのですね．もし韓国の自動車保有台数が日本と同じ成長曲線に

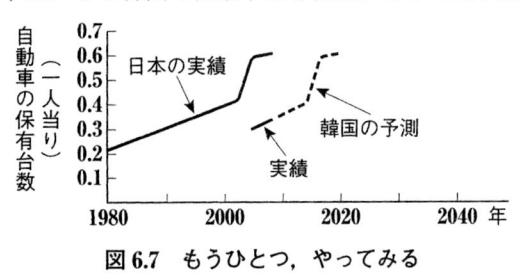

図 6.7　もうひとつ，やってみる

6. あの手この手で予測する

沿って伸びるなら,図6.7に予測したような経過をたどるでしょう.

　農林水産業従事者と自動車の保有台数でみる限り,日本と韓国の間には12〜15年のずれがあるようです.そこで,日本の実績をその分だけずらして韓国の現状に重ね合わせることで,未来の韓国が予測されたのでした.けれども,これは単に過去の実績を未来へ移し変えただけの,受動的な予測です.国の政策によって,ずれが大幅に縮小される可能性があることを承知しておかなければなりません.

　実は,この本を改訂する前,1950年から1990年のはじめごろまでのデータでは,日本と韓国の間には約30年のずれがありました.「日本に追い付け,追い越せ」の政策を強力に推し進めた結果,15年以上もずれが縮まったのです.自動車の保有台数でみる限り,現在,中国と日本では50年ぐらいのずれがあります.あれだけの人口のいる国ですから,日本や韓国と同じ道をたどるとしたら,いったいどれくらいの車であふれかえることになるのでしょうか.あなおそろしや…….

　最後に,余計なおせっかいを許していただきます.新しい企業が興されて成長をつづけ,やがて衰退期にさしかかるまでの平均期間は約30年だそうです.そして,いちばん光り輝いているのが衰退期の直前にくる隆盛期です.この隆盛期にある企業は就職の人気が抜群で,優秀な人材がめじろ押しに殺到します.

　しかし,考えてもみてください.成長期の企業ならポストもどんどん増えるし,系列会社もつぎつぎに誕生します.そのうえ,人材が殺到するというほどでもありませんから,社員は若いうちから重要な仕事を任され実力も向上します.それにひきかえ,隆盛期にある人気企業はどうでしょうか.もうポストも増えませんし,系列会

社も満杯です．ひしめき合う優秀な人材の中から抜け出して恵まれたポストに就き，腕をふるうチャンスなどめったに訪れません．それなのに，なぜ人気企業にわれもわれもと殺到するのでしょうか．

60年ほど昔，日本の花形企業は三白(さんぱく)といわれる砂糖，紙，セメントでした．当時は，三白に優れた人材が押し寄せたものでした．これがなによりの先行見本です．もし，長年にわたって勤めるつもりで企業を選ぶなら，先行する見本を参考にして，20～40年先の企業の姿を予測してみるくらいの冷静さが必要だと，私は思うのですが……．

能動的に予測する

第1章のはじめのほうで，ひと口に予測とはいうものの，予測には非常に多くのタイプが混在していると書きました．たとえば，テニスのボールを打ち返すに当たっては，まず，とんでくるボールの軌跡や未来位置を予測し，つづいて自分の動作を継続したときの身体各部やラケットの未来位置を予測しながら両者を合致させるわけですが，この場合，とんでくるボールの未来位置の予測にはこちらの意見が介入する余地がないのに対して，自分のラケットの未来位置のほうは，希望どおりの予測結果になるように動作を修正する余地が残されているのでした．そして，前者を成りゆきまかせの受動的予測といい，後者を目標を達成しようとする能動的予測と呼んだりもしました．

さらに，第1章で尻切れとんぼになっている日本の人口の予測のときにも，第5章で例題としたゴルフができる確率の予測のときに

6. あの手こ手で予測する

も,能動的予測について触れながら,そのまま放置しっぱなしです.申し訳ありませんでした.ここで借りをお返ししようと思います.

私たちの人生や社会活動が,まさに,予測のかたまりであることについては第1章で述べたとおりです.改めてくり返す必要はありませんが,私たちが予測に臨む態度が2つのタイプに区分されることは,改めて意識する必要があるでしょう.

1つのタイプは,いままでの傾向が将来もつづくと考えて,過去の傾向の延長線上に将来の姿を予測しようという態度です.こちらの意思がはいらないので,成りゆきまかせの受動的予測などと失礼な呼び方をしましたが,しかし,第1章以来,この本でご紹介してきた手法はすべてこのタイプに属する予測の手法でした.このような予測の仕方は**探索的予測**という重々しい呼び方をされることがあります.

もう1つのタイプは,達成しようとする目標があって,それを成し遂げるにはどのような道筋をたどらなければならないかと予測するタイプです.この本では受動的予測の対語として能動的予測と呼んできましたが,探索的予測の対語としては**規範的予測**といわれます.*

では,規範的な予測手法とは具体的にどのような手法なのでしょうか.予測に臨む態度が能動的であるという姿勢は恰好いいのですが,実は,規範的といわれる予測の手法が独立して存在するかとい

---

* 探索的とか規範的という用語はやや親しみにくいのですが,技術予測について業績のあるヤンツ(E. Jantsch)先生が使った Exploratory Techniques と Normative Techniques という言葉の訳語として使われています.

うと,首を傾げてしまいます.なにしろ,目標を達成するにはどのような道をたどればいいかを予測しようというのですから,これはもう,オペレーションズ・リサーチの世界です.とはいうものの,とんでくるボールの未来位置予測と,それを打ち返す自分のラケットの未来位置予測とでは,やはり,性格が異なるように感じます.そこで,自らの意思が介入する能動的予測の正体を追求してみることにしましょう.

いちばん簡単な例として,野原の中にある柿の木をめざして歩いていくことを考えてみてください.ときどき自分が歩いていく方向を予測し,それが目標からずれていれば方向を修正するという動作をくり返しながら目標に到達することでしょう.この場合,修正するという動作がなければ途中で行なった予測は過去の傾向を先へ延長してみただけの受動的予測にすぎません.そして,受動的予測だけでは,たぶん,目標の柿の木には到着できないでしょう.地面の凹凸や風などのために予測どおりの方向へ直進することは至難の業だからです.

予測と目標との間に差があれば修正するという動作のくり返しの原理を図示してみたのが図 6.8 です.この図の中に修正が終わった

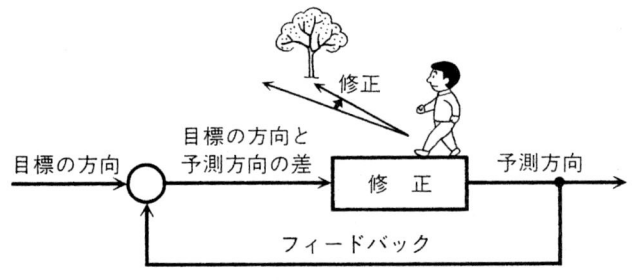

図 6.8 自分について予測しながら修正する

後の新しい予測値を再び修正動作の前までバックして伝達する矢印が描いてありますが，このような情報伝達はふつう**フィードバック**といわれています．そして，フィードバックによって目標を自動的に達成させる仕組みを自動制御といいます．すなわち，私たちの意思を反映した能動的予測とは，受動的予測にフィードバックと修正動作を加えて目標を達成しようとする行為であると理解していいでしょう．そこで，このような能動的予測を**フィードバック予測**と呼ぶ人もいます．

　少し複雑な例に移ります．こんどは野原で兎を追いかけています．兎を追いかけるには兎の動きを予測しなければなりません．こんどは時刻の関数としての速度と位置を予測しなければなりませんから予測としてはむずかしいのですが，予測の性格としては受動的予測にすぎません．それと同時に，自分の動作を継続したときの速度と位置を受動的に予測します．そして，兎と自分が同じ瞬間に同じ位置にくるようにフィードバックをかけて自分の動作を修正します（図6.9）．このサイクルを激しく繰り返したあげく，うまいぐあいに兎と自分の位置が一致すれば兎を捕えることに成功しますが，途中で動作の修正が自分の能力を越えてしまったら兎の追跡を

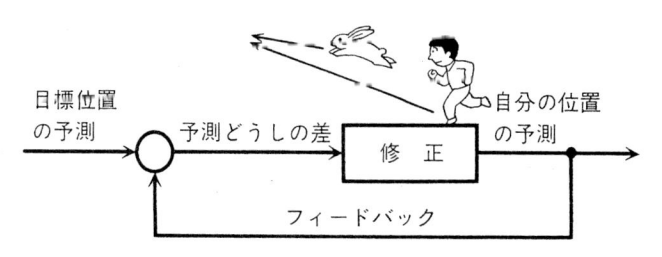

図6.9　自分と相手について予測しながら修正する

断念しなければなりません．

　兎を追いかけるのは立ったままの柿の木へ近づくよりは，はるかに複雑です．しかし，両方とも基本的には受動的予測とフィードバック・修正の組合せで能動的予測となっています．つまり，能動的予測は，予測の手法としては受動的予測の手法を使うにすぎないと考えていいでしょう．

　もっとも，規範的予測は能動的予測よりもいっそう「規範」に重い意味を持たせて解釈されています．私たちが予測という手法を使うのは，多くの場合，なんらかの目標を達成したいと志すからです．それなら，多くの場合の予測は規範的でなければなりません．しかしながら，規範的予測であっても具体的に利用されるのは探索的な手法なのですから，この両者は表裏一体と考えておくのが正解でしょう．なんと，ややこしいこと……．*

　ややこしいにはちがいありませんが，動物が獲物を捕えるときに，いちいちこのようなことを考えているわけではありません．自然界では予測と制御が巧みに組み合わされて見事な調和が作り出されているのです．

シミュレーションで予測する

　ここで突然，シミュレーションで予測するという節を設けるのに

---

*　能動的予測の一例として，マルコフ過程にしたがうシェア争いを例題に，手を変えながら将来のシェアを予測し，目標のシェアを確保するための作戦立案過程が『戦略ゲームのはなし』，190〜198ページに載せてあります．ご用とお急ぎのない方のご参考のために……．

は，多少の違和感を覚えます．ここまで私たちは，過去のデータを回帰し外挿して予測する，過去のパターンを平行移動して予測する，先行する指標を見つけて予測するというような，予測の道理について話を進めてきたのでした．そして，その道理を具体化するための手段としては，方程式を解いたり，グラフを読んだり，勘を総合したりしたのでした．決して，方程式で予測するとか，グラフで予測するというような切り口で話を進めてきたわけではありません．

ところが，シミュレーションは予測の道理ではなく，道理を具現化するための手段のひとつにすぎません．ですから，「シミュレーションで予測する」は「方程式で予測する」や「グラフで予測する」と同じように奇妙な表現なのです．それなのに，なぜ「シミュレーションで予測する」なのかといいますと……，まあ，ご託を並べるより，実例を見ていただきましょうか．

図 6.10 のような，たった 20 軒の小さな街があると思ってください．□は耐火構造の家で，○はふつうの木造家屋のつもりです．ある強さの大地震に伴う火災で，この街がどのくらいの災害を蒙るかを予測してください．ただし，いままでに起こった類似の災害データを克明に分析した結果，つぎのような確率がわかっているものとします．

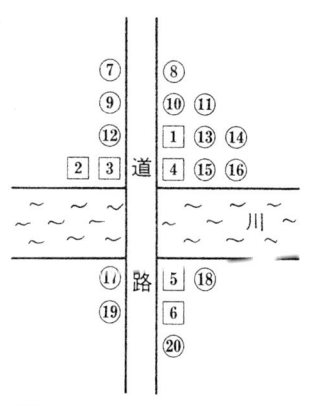

図 6.10 こういう街がある

(1) 出火する確率は $\begin{cases} 耐火建築 & 0.1 \\ 木造家屋 & 0.3 \end{cases}$

(2) 10分以内に消火できる確率は $\begin{cases} 耐火 & 0.5 \\ 木造 & 0.3 \end{cases}$
（ただし，半焼する）

(3) 10分間燃えていると隣家へつぎの確率で延焼する

隣り合せ $\begin{cases} 耐火へ & 0.2 \\ 木造へ & 0.3 \end{cases}$

道をはさんで $\begin{cases} 耐火へ & 0.1 \\ 木造へ & 0.2 \end{cases}$

川をはさんで $\begin{cases} 耐火へ & 0 \\ 木造へ & 0.1 \end{cases}$

ただし，斜めには延焼しない．

(4) 10分を単位として(2)と(3)を繰り返す．ただし，20分近く燃えつづけると全焼して鎮火し，もはや，延焼も類焼もしない．

これは確率過程の問題です．173ページの図5.3と同様にかけ算だけで予測ができるにちがいないと思って，図を書きはじめてみると，うまくいきません．ある家屋の火が右の家へも左の家へも延焼する可能性や，いちど消火した家屋がふたたび類焼する可能性など多くの可能性が複雑にからみ合っているので確率過程の図を書くのが至極むずかしいのです．したがって，確率の計算もできません．お手上げです．

論理的に追究できなければ，残された道は実際にやってみることですが，20軒の実物の家に火を付けて廻るようなバカな実験をするのは現実的でありません．そこで，模擬実験ですまそうと思いま

す．このような模擬実験は**シミュレーション**と呼ばれ，シミュレーションにはさまざまな方法がありますが，いまの例題にもっともふさわしいのは，つぎのような方法です．*

表6.2　乱数表の一部

82 69 41 01 98	53 38 38 77 96
17 66 04 63 41	77 51 83 33 14
58 26 41 01 59	68 98 40 57 93
07 16 73 31 65	61 64 17 83 92
13 43 40 20 44	75 93 89 23 44
26 86 01 11 93	19 96 29 40 36
38 75 35 82 11	00 81 89 17 75
62 86 84 47 47	44 88 10 83 73
62 88 58 97 83	35 14 27 88 69
56 63 41 73 69	71 11 08 02 22

(出典：『新編　日科技連数値表―第2版―』，p.38，2009)

　まず，表6.2を見てください．これが0から9までの数字をでたらめに並べた乱数表です．193ページの脚注でも触れたように，この乱数表を使って所望の確率を作り出そうというわけです．

　では，シミュレーションの作業を始めます．0時0分ちょうど大地震が勃発しました．そのため前ページ(1)の確率にしたがって火災が発生します．出火した家屋は表6.3のようにして決めましょ

＊　シミュレーション全般については『シミュレーションのはなし』を参考にしていただければ幸いです．なお，180〜185ページには，予測値といままでの結果との差によって今後の予測値を修正する例が載せてあります．

表6.3 出火した家屋を決める

家屋番号	出火確率	乱数割当て	乱数	出火
1	0.1	1	8	
2	0.1	1	2	
3	0.1	1	6	
4	0.1	1	9	
5	0.1	1	4	
6	0.1	1	1	出火
7	0.3	1〜3	0	
8	0.3	1〜3	1	出火
9	0.3	1〜3	9	
10	0.3	1〜3	8	
11	0.3	1〜3	5	
12	0.3	1〜3	3	出火
13	0.3	1〜3	3	出火
14	0.3	1〜3	8	
15	0.3	1〜3	3	出火
16	0.3	1〜3	8	
17	0.3	1〜3	7	
18	0.3	1〜3	7	
19	0.3	1〜3	9	
20	0.3	1〜3	6	

う．表6.3のいちばん左の列は図6.10に書き込まれた家屋の番号です．1から6までは耐火建築で，6以降は木造家屋です．耐火建築の出火確率は0.1ですから，乱数の中の1が当たったときだけ出火とみなします．また，木造家屋は出火確率が0.3なので，乱数のうち1か2か3が当たったら出火と判定しましょう．乱数には表6.2の1行め，8，2，6，9，……を，なんら作為することなく家屋番号1から順次に当てがってください．そうしたら，家屋番号が

6. あの手この手で予測する　　　　**229**

⑥, ⑧, ⑫, ⑬, ⑮

の家から出火したと判定されました．図 6.11 の［0 時 0 分］が，それを示しています．ほんとうは燃えている家屋を赤く塗りたいところですが，印刷費の都合もあって，薄ずみを施してあります．

出火した家では，近所の協力も得て，必死に消火作業をします．

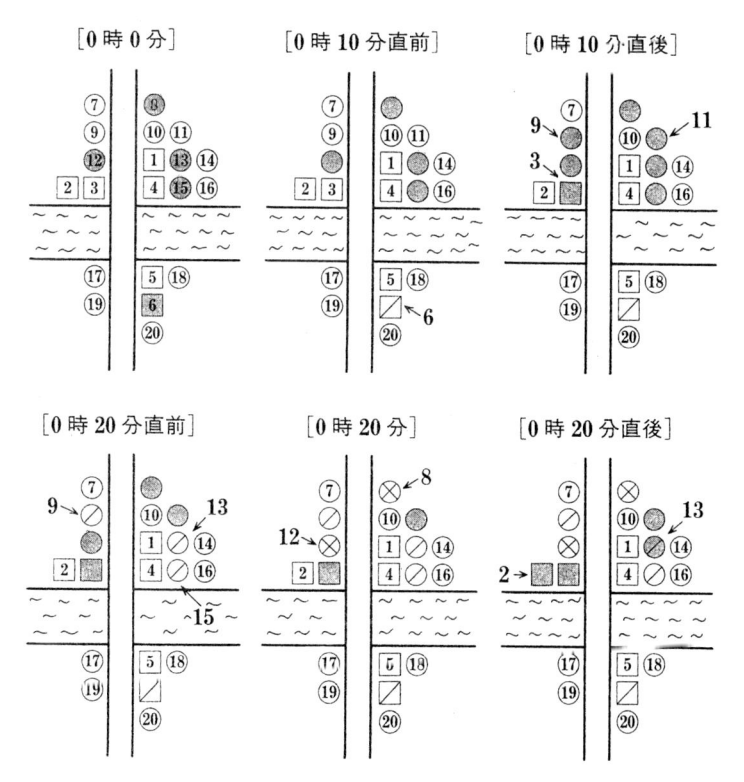

図 6.11　火災は，このような経過をたどり…，

その結果,10分以内に消火に成功した家を226ページの(2)の確率にしたがって特定します.その手順は表6.4のとおりです.ただし,乱数は,表6.2の2行めを使ってください.消火に成功したのは6だけです.6は,半焼はしたものの,ひとまず鎮火しました.こうして,0時10分の直前に燃えつづけている家は図6.11の[0時10分直前]のようになりました.6のところが◪となっているのは,半焼してしまった印です.

表6.4 消火した家屋を決める

家屋番号	消火確率	乱数割当て	乱数	消火
6	0.5	1～5	1	消火
8	0.3	1～3	7	
12	0.3	1～3	6	
13	0.3	1～3	6	
15	0.3	1～3	0	

出火後,10分が経ちました.226ページの(3)の確率で延焼が始まります.火を移された家屋番号は,表6.5の作業によって決まります.ここで使っている乱数は,表6.2の乱数表の3行めです.こうして,新たに

　　　③, ⑨, ⑪

に火が移ってしまいました.図6.11の[0時10分直後]のようにです.

つづいて,[0時20分直前]までの10分弱の間に

　　　⑨, ⑬, ⑮

の3軒が消火に成功します.この3軒を特定した手順は,もう,省

表 6.5 延焼を決める

延焼ルート	確率	乱数割当て	乱数	延焼
1 ← 12	0.1	1	5	
1 ← 13	0.2	1, 2	8	
3 ← 12	0.2	1, 2	2	延焼
4 ← 15	0.2	1, 2	6	
7 ← 8	0.2	1, 2	4	
9 ← 12	0.3	1～3	1	延焼
10 ← 8	0.3	1～3	0	
11 ← 13	0.3	1～3	1	延焼
14 ← 13	0.3	1～3	5	
16 ← 15	0.3	1～3	9	
18 ← 15	0.1	1	6	

略していいでしょう．気になる方は，表6.4と同様な手順で，ただし乱数は4行めを使って，試してみてください．同じ結果になるはずです．

さて，[0時20分]になると，0時0分から燃えつづけていた⑧と⑫が全焼してしまい，もはや，自分が燃える力も他へ延焼させる力も失せてしまいます．全焼した家屋は⊗のように×印を書き入れておきました．その結果，依然として燃えているのは3と⑪だけになりました．

[0時20分直後]になると，まだ燃えていた3から2へと，⑪から⑬へ火が移ります．⑬は，いちど消火されて半焼のまま鎮火していたのに，再び火を移されるという不運に見舞われてしまいました．これを決めたのは乱数表の4行めです．

こういう経過をたどって[0時30分]になると，燃え尽きるものは燃え尽き，消えるものは消えて，図6.12のような惨状を早し

て鎮火しました．その結果は

　耐火6軒のうち，全焼1，

　　半焼2，無事3

　木造14軒のうち，全焼4，

　　半焼2，無事8

　合計20軒のうち，全焼5，

　　半焼4，無事11

となりました．

　これで1回の模擬実験が終わりました．しかし，1回の実験結果だけで事たれりとするわけには参りません．なにしろ確率的な実験ですから，運・不運によって結果がかなり左右されてしまいます．その証拠に，図6.12を見ると，川の南側のほうが家屋が少なく火を移し合うチャンスがもともと少ないとはいえ，運に恵まれすぎていたようです．それに，耐火建築の成績が思ったより良くないのは，3が貰い火をするという不幸が大きな原因かもしれません．

　そこで，同様な実験をなん回もくり返してみる必要があります．少なくとも数十回，できれば百回以上の実験をくり返すのが望ましいでしょう．そうすれば被害状況の平均値のほかに，運・不運によるばらつきも相当な確からしさで予測することができるでしょう．私が実験をくり返して平均的な被害状況を求めてみたところ，それは20行ばかり前の結果とほぼ同じでした．私たちの実験は，たった1回でしたが，予測値としてはなかなかのものだったようです．

　私たちは，226ページに書き連ねたような大地震に伴う火災の過

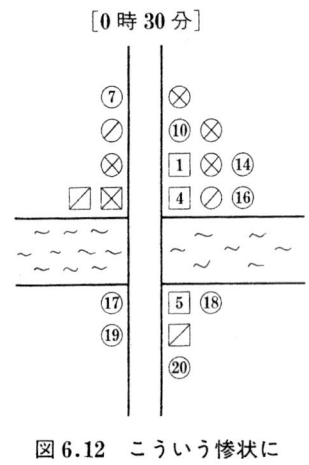

図6.12　こういう惨状になりました

去のデータを基にして、たった20軒の小さな街が大地震に襲われたときに起こるであろう火災の被害を予測しました。予測の道理からいえば過去のパターンを将来に平行移動して予測する分類にはいるでしょう。そして、過去のパターンを別の場所へ移し替える手段としてシミュレーションを使ったのでした。けれども、シミュレーションという作業が華やかなので、シミュレーションによって予測したという印象が強烈です。これが、「シミュレーションによる予測では……」というような表現が広く使われるゆえんなのでしょう。

この章の例題は、過去のデータから分析された規則性の数も少ないし、街並みも僅か20軒でしたが、現実の問題となると桁ちがいに複雑になるのがふつうです。そういう場合は、コンピュータに作業をしてもらわなければなりません。

このようなシミュレーション予測が成功するか否かの決め手は2つです。1つは過去のデータから分析された規則性が正しいかどうかであり、他の1つは予測する時点と場所においてもその規則性が通用するかどうかです。予測の本質は過去のデータの延長線上に将来の姿を見ることであり、その決め手は、過去のデータを正しく解析することと、将来にわたって環境が等質であることの2点であることを改めて思い起こしておきましょう。

日本の人口は、どうなるか

おそれ入りますが、8ページを開いて図1.1を見ていただけますか。そこには1965年から2005年までの日本の人口を5年おきに打点(プロット)

してあります．そして，全体的には右上りの傾向にあるからというので，その傾向を右上がりの矢印で代表し，2025年には1億4500万人を軽く越えそう……などと予測していました．

ついでに，こんどは11ページの図1.2を見てください．日本の人口は増加の傾向にあるとはいえ，1985年以降は直線的にではなく放物線みたいな形で増加しているのだからというので，その傾向を放物線でなぞってみたところ，日本の人口は2000年代後半には頭打ちになり，その後は減少の一途をたどると予測しています．

挙句の果てに，ただ過去のデータの傾向を延長しただけでは現実に通用する予測とはいえないとか，人口の推移は政府の施策によっても変わるから能動的予測として取り扱う必要があるかも……などと，勝手放題なことを書き散らかしたままになっているのでした．そこで，この節では日本の人口の予測が現実にはどのように行なわれているかを，ご紹介しようと思います．*

これからご紹介する人口の推定は，2005年10月1日の国勢調査などの結果を原点にして1年ごとの推定計算を積み上げたものですが，推定計算の手順は図6.13のとおりです．ごめんどうでも，図の流れを追っていただけますか．まん中の列を上から下へと流してゆきましょう．

「ある年(t年)の男女・年齢別の人口」に左側から「男女・年齢別の生残率」と「男女・年齢別の国際人口移動率」が1年ぶんだけ加味されると「$t+1$年の男女・年齢別の人口」が推算されます．ただし，この人口は0歳の赤ちゃんを含んでいません．

---

* 『日本の将来推計人口』，国立社会保障・人口問題研究所，平成18年12月推計，の要点をコメントを交えながらご紹介しました．

6. あの手この手で予測する

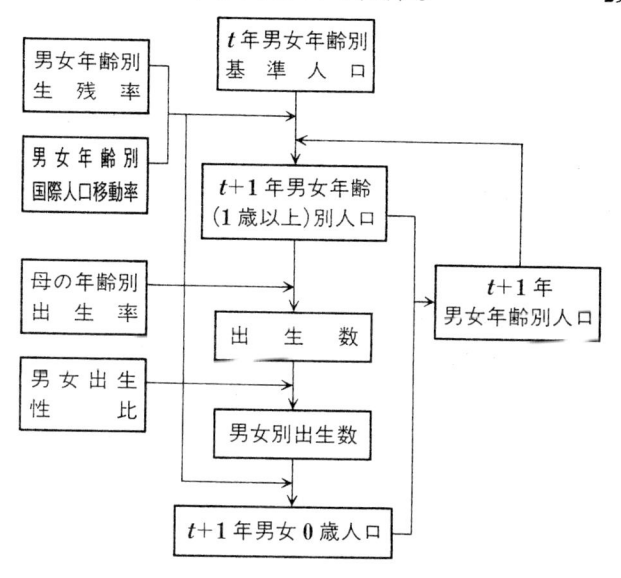

```
男女年齢別          t 年男女年齢別
生 残 率           基 準 人 口
    │                 │
    │                 ▼
男女年齢別          t+1 年男女年齢
国際人口移動率 ──→  (1歳以上)別人口 ──→  t+1 年
                      │              男女年齢別人口
母の年齢別              ▼
出 生 率   ──────→  出 生 数
                      │
男女出生               ▼
性  比   ──────→  男女別出生数
                      │
                      ▼
              t+1 年男女 0 歳人口
```

図 6.13　人口推計の基本的手続き
(出典:『日本の将来推計人口』, 国立社会保障・人口問題研究所
平成 18 年 12 月推計)

　この人口の中の女性だけに「母の年齢別出生率」をかけ合わせると, t 年から $t+1$ 年の間の「出生数」が求まるし,「男女出生性比」によってそれが男女に分けられ「男女別出生数」がわかります. 0 歳の赤ちゃんでも死亡する子もいるし国際的に移動する場合もありますから, そのぶんを補正すると「$t+1$ 年の男女 0 歳人口」が求まろうというものです. そして, この人口と 4 ステップ上にある 1 歳以上の人口とを合計すると,「$t+1$ 年の男女・年齢別人口」が算出されるという仕掛けです. あとは同じルートを 1 周するたびに, $t+2$ 年, $t+3$ 年, ……と, いくらでも将来の人口を計算

しつづけることができるはずです．

ここで問題は，

   男女年齢別の生残率(または死亡率)

   男女年齢別の国際人口移動率

   母の年齢別の出生率

   男女の出生性比

にどのような値を使うかです．これらの値によって人口の増減が決まるのですから，これらの値を予測することは人口を予測するのとほとんど同意語くらいの意味を持っています．

 この4種の値の中で日本の人口の将来にもっとも大きな影響力があるのは出生率です．生残率(または死亡率)は出生率と並んで人口の推移に大きく影響しますが，長期的には改善の方向にあるものの，短期的な変動はあまりありません．国際的な人口移動は出生や死亡に較べれば僅かです．男女の出生性比は，男女の生み分けが自由に行なわれるような社会風潮が定着しない限り，ほぼ一定でしょう．これに対して，出生率のほうは，ベビーブームの年やひのえうまの年に見えるように，社会情勢につれて大きく変動します．だから，出生率の予測が人口予測に対してもっとも大きな影響を持つのです．

 そこで，出生率を見積もるに当たっては，ある社会環境の下におけるある年齢の結婚や出産の意欲とか，避妊・中絶といった出生を抑制する行動などを表わす数学モデルを作り，それが過去の実績と合うことを検証したうえで採用します．このような数学モデルで計算された出生率を全女性の年齢分布で総合して出生数を求めようというわけです．

6. あの手この手で予測する

　これだけ気を配っても，出生率の予測が必ず命中するというほどの自信はありません．そこで，出生率の見積りとして高位，中位，低位の3種類を作り，それぞれについて将来人口の予測をすることにします．3種の見積りとも年次とともに値が変動するので一口に表現できないところが残念ですが，それにもかかわらず大胆に一口で言ってしまうと，1人の女性が生涯に産む子供の数が，高位では1.33人，中位では1.22人，低位では1.08人くらいの見当になっています．ちなみに2007年には1.34人だったそうです．

　出生率以外の，生残率，人口移動率，男女の出生性比の3項目についても，過去のデータを解析したりして出生率に負けないほど気を遣って年次ごとの値を予測することはもちろんです．ただし，この3項目は出生率ほどはぶれないと思われるので，それぞれ1種類ずつの推定値を採用することにします．

　さあ，これらの推定を使って実際に日本の将来人口の推移を予測した結果を見てください．図6.14が，そのグラフです．あまり遠い将来の予測はどうしても誤差が大きくなる可能性がありますから，2056年より先は遠慮勝ちに「参考推計値」としてありますが，それを念頭に置きながら曲線の傾向を見てみましょう．

　高位の予測を使っても，2006年の1億2,778万人をピークとして人口は減少し続け，以降1度も上昇に転ずることはありません．中位の出生率を使った予測では，2005年の1億2,777万人をピークに，それ以降はかなり激しい減少をつづけ，2046年には1億人を切って9,938万人になりそうです．そして，低位の予測ではもっと人口の減少が急激で2072年には，現在の人口の半分以下となる僅か6,350万人になってしまう気配です．

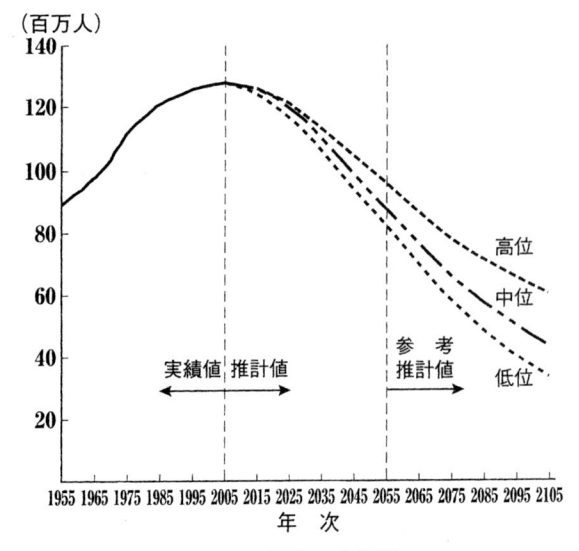

図 6.14　総人口の推移
（出典：図 6.13 に同じ）

いかがでしょうか．私は，地球に住む人類が永く幸せであるために全員が心がけるべきことは，(1)資源を浪費しないこと，(2)環境を痛めないこと，(3)人口をふやさないこと，(4)富を独占しないこと，の4つであると信じています．世界の4.5％の人口で20％ものエネルギーを消費している某国や，全世界に234もの国と地域があるのに，たった2カ国で全世界の人口の37％も占めているアジアの某国と某国には猛省を求めたいところですが，それにひきかえ，日本はどの項目についてもかなりの優等生です．その日本が近い将来に人口が減りはじめるという予測を，どのように思われますか．

人口が減るというのは，死亡数より出生数が下廻っているのですから，そのぶんだけ人口の老齢化が進むことを意味し，民族として

は決して健全な傾向とはいえません．この不健全さをほどほどに抑えるために政府がなんらかの施策を講じ，その結果，人口推移の予測が修正されるなら，それは能動的予測の成果といえそうなのですが……．

ともあれ，現実の人口予測は，第1章の図1.1や図1.2のように過去のデータをいきなり直線や曲線で回帰するのではなく，人口の増減を決める要素にまで分解して，各要素ごとに過去のデータを基に将来の値を予測し，それらを再び総合して最終的な予測としていることがわかりました．複雑な事象を調べようとするとき，その事象を分解できるところまで分解し，そのひとつひとつを調べ上げたうえで再び総合し判断するというのが，科学的な態度の見本なのです．

予測は当たるのだろうか

この本も終わりに近づいてきましたので，もっとも本質的で，しかし，もっとも答えにくいテーマを取り上げなければなりません．それは，予測はほんとうに当たるのだろうか，という疑問です．

本屋の店頭やテレビには各種の予測情報が氾濫していますが，その中には，よく当たるので参考になるもの，当たる確率は必ずしも高くないけれどアプローチの仕方は参考になるもの，まるでなんの価値もないものなどが混在しています．予測情報を参考にする以上，これらをきびしく識別しなければなりません．そこで，ここでは，予測が当たらない原因はなにかを整理してみようと思います．そうすれば，当たる予測をするための要訣もおのずと明らかになる

でしょうから．

　予測が当たらない原因は，まさに，多種多様です．技術的なものもあれば考え方に起因するものもあるし，予測に臨む姿勢に左右されるものも，予測という行為に付随するものもあります．ですから，予測が外れる原因を整理して論評することは非常にむずかしいのですが，ここでは強引に5つの項目に分けてみようと思います．

　まず，1番めは，もともと予測の対象とはならない事柄について予測をしている場合です．この本でしつこいほど書いてきたように，予測の本質は過去の傾向の延長線上に将来の姿を予見することです．つまり，予測の原点はただひとつ，パターンを把えることなのです．パターンには，多くのデータが変動の型を教えてくれるものや，前兆や兆候があとにつづく出来事を示唆してくれるもの，データとか兆候の形はとらないものの識者の頭の中に経験や勘として蓄積されたものなどがあることは，すでに述べてきたとおりですが，少なくともなんらかのパターンを把えなければ予測などできるはずがありません．

　それにもかかわらず，人類の歴史の中に似たようなパターンが一度も現われたことのないような事柄を予測の対象に取り上げても，それは，当たらないのが当たり前です．ノストラダムスの予言のようにです．もし，そのような予測が当たったとしても，それはまぐれ当りであって予測の成果ではありません．

　2番めは，過去の前例やデータの数が少なかったり，前例やデータのばらつきが大きいため，数理統計的な理由で予測が当たらない場合です．恐縮ですが，132ページの図3.18を見ていただけますでしょうか．この図は，図の中に記入された5つのデータの値を直

6. あの手この手で予測する

待てばえものが
駆けてくる
ウサギぶっかれ
木の根っこ

少ない前例で予測するな

線で回帰し未来へと延長したとき，その延長線がどのくらい信頼できるかを示しているのでした．そして，たった4年後の予測値さえ12305～15266軒という広い幅をとらなければ，予測値の的中率を90%に維持できないのでした．そのうえ，予測値の的中率は，データの数が少なくなったり，データの誤差変動が大きくなったり，予測する時点が遠くなったりするにつれて，さらに悪くなることも，ご説明したとおりです．

この傾向は，過去のパターンがデータという形になっていない場合でも同様です．似たような前兆のあとには同じような事象が起こるという前例がたくさんあるなら，また似たような前兆を察知したとき同じような事象が起こることを予測すれば，きっと，予測は当たるでしょう．けれども，このような前例が少なかったり，前兆と

うしやあとにつづく事象どうしに差異があるなら，予測は当たらない可能性が大きくなります．柳の下にいつもどじょうがいるとは限らないのです．

3番めは，せっかくの前兆を見落としている場合です．これは2番めの指摘と矛盾するようですが，現実には重大な事態が発生したあとになって，あの前兆を見落としていなければ，この事態を予測できたはずと糾弾されることが少なくありません．

1980年代後半，日本の景気は異常な活況を呈し，株価6万円説まで流れる始末でしたが，1990年代にはいるとバブルのようにふくらんだ景気がバブルのように破裂して日本を不況のどん底に追い込みました．不思議なことに，経済の専門家をはじめ，実業界，官界，政界のどこにも，このバブル不況を予測した人がいないのです．これでは，なんのための専門家たちなのでしょうか．まえがきに書いたように，某棋士が怒るのも無理もないではありませんか．

新聞の報じたところによると，* このような不況には前例があるのだそうです．「1920年代後半から30年代にかけての大恐慌前後の米国と現在の日本の状況には似たような側面が多い．両方とも世界最大の債権国にのし上がり，楽観論が世の中を覆いつくした後，深刻な不況に見舞われた．リゾート開発や高級乗用車ブームとその崩壊，"黒い紳士"たちの暗躍——等々，同じような現象を挙げればきりがない．政府の対応も似かよっている．不況の到来をなかなか認めず，対策が後手に回った……」のだそうです．そして，「専門家といわれる人たちに歴史的視点が欠けているせいではないか」と辛辣です．

---

* 日本経済新聞，1992.9.28，「温故知新」欄から，つまみ喰いしました．

6. あの手この手で予測する

　この寸評は，専門家である以上，多くの情報の中に埋没しかねない貴重な前例や前兆を見落とすのは許されない，といっているのでしょう．話はちがいますが，大きな事故がなんの前兆もなく起こることはないと私は信じています．* その前兆を目ざとく見つけて対処し，大事故を防いだり被害を局限できる人こそ危機管理のプロだと思っているのです．

　どうやら，専門家はせっかくの前兆を見落として予測が狂うと責められ，素人は，2番めに指摘したように数も少なく質も良くない前例にとびついて狂った予測をすると責められることが多いようです．

　4番めは，予測する将来にわたって環境の等質性が維持されない場合です．予測の本質は過去の傾向を将来へ延ばして，その延長線上に将来の姿を予見することとはいうものの，それは環境が将来にわたって等質に保たれるとの前提があってのことです．環境が変わるなら将来への延長の仕方をそのぶんだけ修正しなければなりません．ところが，将来にわたっての環境の変化を正確に読むことが，途方もなくむずかしいのです．

　国家的規模の大きなプロジェクトの中には，開発やシステム建設に数年～数十年もかかり，その後，長年にわたって運営するものが少なくありません．このようなプロジェクトは事前にあらゆる角度

---

*　「人間である以上，どんなに気をつけても過失を犯すが，330回の過失があっても，そのうちの300回は何事もなく，29回は小さな事故ですみ，残る1回が致命的な事故になる」という**ハインリッヒの法則**を裏から見れば，なんの前兆もなく大きな災害が起こることはほとんどない，と言えるでしょう．

から衆知を集めて，将来にわたっての費用対効果や波及効果などを予測し，じゅうぶんな成算をもってスタートするのですが，開発やシステム建設が終わったころになると採算がとれなくなっていたり，プロジェクトの必要性が低下していたりすることが珍しくありません．

いろんな事情があって当事者はその事実を認めたがりませんが，米作を目的とした大規模な干拓，青函トンネル，原子力実験船など，みなその気配が濃厚です．そして，これらが当初の予測と違った結果になったのは，コメの消費量の減少，北海道との輸送量の減少，原子力船に対する世論の動向と石油資源の潤沢さなど，プロジェクトを取り巻く環境が変わってしまったからです．そして，この環境の変化は当事者にとって思いもかけないことだったのでしょう．なにしろ，たとえば青函トンネルの着工時は高度成長期であり，北海道新幹線の計画などもあって大幅な輸送量の増加が見込まれていたのですから．

このように，なん十年か先の環境を正確に見通して予測をたてることは至難の業なのですから，当初の予測にこだわって一直線に事業を進めるのではなく，適時に予測を見直して事業の軌道を修正する柔軟さが望まれるところです．話は，つぎの節へとつづきます．

アナウンス効果で外れる

最後の5番めは，アナウンス効果です．選挙の直前になると，テレビや新聞は世論調査などを基にして各候補者の当落を予測したりします．そうすると，実際の投票では楽勝と予測された候補者の票

6. あの手この手で予測する

> ありゃ…右に集まりすぎた
>
> 左に集まりすぎて転覆するでしょう〜

予測のアナウンスが 裏目にでることあり

は減り，惜敗かと予測された候補者の票が増える傾向があることが知られています．このため，韓国の大統領選挙では告示後の支持率の公表は禁止されていますし，日本でもマスコミは相当に気を遣って自主規制を行なっています．

このように，予測がアナウンスされることによって予測の対象が変化してしまうような効果を**アナウンス効果**といいます．一般には，アナウンス効果は予測が外れる方向に作用するのがふつうです．選挙での投票者の心理もその好例ですが，たとえば「間もなく大津波が襲い，多数の死者がでる」という予測がアナウンスされれば，人々は安全な所へ避難してしまうので1人の死者もなく，予測はおお外れの結果になってしまうでしょう．そして，予測が正しいと信じられるほど，アナウンス効果が大きく，予測が外れてしまう

のも皮肉な現象です．

　もっとも，稀にはアナウンス効果が予測が当たる方向に作用することもあるようです．景気が良くなるとの予測が発表されると，消費者がその気になって買い物をするので，ほんとうに景気が良くなる……というぐあいにです．

　アナウンス効果は多くの場合，予測が外れる方向に作用するのですが，それが大手柄をたてることもあります．1972年にローマクラブ*は，世界の人口，資源，汚染などについて行なったシミュレーションの結果を『成長の限界』という報告書として発表しました．そこでは，それまでのような幾何級数的な人口と経済の成長をつづけると，21世紀には地球は破滅的な事態に至る可能性が大きいと予測されていました．

　この予測は世界中に衝撃を与えました．そのおかげで世界中の人たちの多くが，人口の抑制，公害の防止，資源の節約などに目覚め，各種の施策が採用され，その結果，予測が大きく外れそうなのです．大手柄ではありませんか．

　以上，予測が外れる原因を5項目に分けて列記してみました．このうちアナウンス効果による予測の外れは，予測した方の失策ではありませんから別として，他の4項目は予測を当てるための反面教師として役に立ちそうです．ぜひ，予測にふさわしいテーマを選び，過去の傾向や前兆と将来の姿との関連を醒めた目で見きわめる

---

　*　ローマクラブは，「地球の有限性」という共通の問題意識をもつ有識者が世界各国から集まった団体であり，1968年にローマで結成されました．日本からも数名の有識者が参加しており，日本で会合が開かれたこともあります．

と同時に，将来の環境を洞察して，適中率のよい予測をしていただきたいものです．

蛇足ですが，イヤミをひとつ，申し述べさせていただきます．本屋の店頭には，なんとか大予測とか，あれこれ全予測という題名の本が溢れています．その中には，きちんとした予測の手法を用いて，つまり，語弊があるかもしれませんが手間とお金をかけて予測した結果をリポートしている価値ある図書も少なくありません．その反面，おざなりで予測の態をなしていないものも数多く見受けられます．

たとえば，「日本の労働時間は短縮の方向にあるから，レジャー産業は伸びていくだろう」というような予測を書き連ねてあるのです．これは一般常識であって予測でもなんでもありません．私たちが知りたいのは，労働時間が減れば自由時間が浮くのは当たり前だけど，それに伴って当面は勤労者の収入が減り，長期的には日本産業の国際競争力も低下する可能性があるにもかかわらず，それでもレジャー産業へ流れるお金が増加するだろうかということです．

予測というからには，たとえば日本人口の推移を予測した図6.13のように分析し，予測手法によって算出した値をそれに入力するくらいのことは，やってもらわないと困ると思うのですが，いかがでしょうか．

予測を総括する

「予測のはなし」などという本は，まず，「予測」についての分類から説き起こすのが筋かもしれません．分類は，全貌を理解し，

個々の手法の位置づけを知るうえで最良の手掛かりとなるからです．けれども，最初から探索的予測とか規範的予測とかやられたのでは，たまったものではありません．そこで，あちこちと喰い荒した挙句の最後の果てに，予測の分類をご紹介することにしました．

どんなことでもそうですが，分類にはいくつもの切り口があります．ヒトを分類するのに，性別，民族，年齢，血液型，職業，右ききか左ききか，甘党か辛党かなど，数えられないくらいの切り口があるようにです．そして，あらゆる切り口で切断していくと，ついには1つの分類が1人ずつになってしまいます．そうなると，分類してもしなくても同じことでしょう．

そこで，予測を代表的ないくつかの切り口でおおまかに分類してみようと思います．

（1）予測する態度によって受動的(探索的)予測と能動的(規範的)予測に分けられることは，すでに書きました．これは，未来は向うからやってくると考えるか，未来は作り出すものと考えるかの人生観の相違でもあり，実務的には，過去のデータを重視するか施策の効果を重視するかの立場の違いでもあります．とはいうものの，能動的予測は結局，フィードバック予測(223ページ)として実用されることになるでしょう．*

（2）予測対象のスケールによって，マクロ予測とミクロ予測に分けることがあります．たとえば，大プロジェクトの総経費を予測する場合，他のプロジェクトの前例などから総経費を予測するのがマクロ．設計費，材料費，保険料などの項目ごとに予測して合計す

＊ 前出(221ページ脚注)のヤンツ先生は，予測技法を直感的予測，探索的予測，規範的予測，フィードバック法の4つに分類しています．

6. あの手この手で予測する

るのがミクロです．多くの場合，マクロとミクロの両方を行ない，両者がほぼ一致すれば安心もするし，説得力もあるでしょう．

（3） 予測する未来の遠さによって分類することもあります．

$$\begin{cases} 短期予測(1\sim3年くらい) \\ 中期予測(3\sim10年くらい) \\ 長期予測(10年以上) \end{cases}$$

$$\begin{cases} 現未来予測(10年単位) \\ 近未来予測(10^2年単位) \\ 中未来予測(10^3年単位) \\ 遠未来予測(10^4年単位) \end{cases}$$

のようにです．もちろん，予測する対象によって（　）の中の年数は大きく変わることもあります．

（4） 予測モデルの型によって，時系列型，多次元回帰型，複合型などに分類することができます．第3章は時系列型，第4章は多次元回帰型でしたし，第5章と第6章に使われた例題の多くは複合型でした．

（5） 予測の手法には，いろいろな分類の仕方があります．そのうち，代表的なのはつぎの2つでしょう．まず，1つめは

$$\begin{cases} 数理的予測 \begin{cases} 解析的予測 \\ 確率的予測 \end{cases} \\ 直観的予測 \end{cases}$$

です．この本の例題でいうなら，第3章と第4章は解析的予測でしたし，第5章は確率的予測でした．この両者は，いずれも数理的に予測しているのが特徴です．これに対して，デルファイ法（198ページ）は直観的予測の代表です．また，もう1つの分類法として

$$\left\{\begin{array}{l}\text{直接的予測}\\ \text{間接的予測}\end{array}\right.$$

とに分けることもあります．日本の人口の予測でいうなら，図 1.2 のように過去のデータからいきなり日本の人口を予測しようとするのが前者，図 6.13 のように，出生率，生残率などを別個に予測することによって人口を算出するのが後者に相当します．

このほか，分析的予測，調査的予測，実験的予測に分類したり，シミュレーション予測を解析的予測と同列に扱ったりするなど，さまざまな分類法が提唱されています．

（6） 予測を目的別に，技術予測，景気動向予測，選挙予測などと使い分けることもありますが，これらは予測対象の名前を列記したものにすぎず，分類とはいえないでしょう．その証拠に，この手の名前なら政局予測，打率予測，水温予測，パチンコの出玉予測……と際限もなくつづいてしまいます．際限もなく新種が出現するようなら，それは分類とはいえません．

以上のように，さまざまな切り口で「予測」を分類してみると，この本で取り扱ってきた科学的な予測の全貌や構造が少しは明らかになったような気がするではありませんか．

さて，そこで最後には，私たちはなぜ予測をするのかを考えてみなければなりません．私たちは，ときとして，単なる興味や娯楽のために予測することがないわけでもありません．次期のJリーグ優勝チームはどこかとか，目の前の若いお嬢さんが 30 年後にはどのような姿になっているだろうか，というようにです．

けれども，たいていの場合，予測は私たちの判断や意思決定と，それにつづく行動のための前哨戦の役目を果たしています．逆にい

えば，予測なしに意思決定や行動ができることなど，ほとんどないといっても過言ではありません．とくに，能動的予測では，目標を達成するために予測するのですから，予測は前哨戦というよりは戦いそのものです．これが，予測の持つ価値であり重要さであることは論をまたないでしょう．

とはいうものの，意思決定や行動の前にいつでもこの本で述べてきたような科学的予測の手法が使えるわけではありません．そのような手間をかけていたのでは，テニスのボールを打ち返せないし，走ってくる自動車を避けることもできません．頭や体の中に蓄えられた経験という名の情報を頼りに，科学的であろうとなかろうと瞬時に予測をすませて行動に移る必要があります．運動神経が優れているといわれる人たちは，きっと，時間をかけた科学的予測に匹敵する精度での予測を瞬時にやってのける人たちを指すのかもしれません．

これに対して，意思決定や行動開始の前に若干の時間的余裕がある場合だって，少なくありません．そういうとき私たちは，その余裕を利用してきちんとした予測をやっているでしょうか．どうやら，そうでもなさそうです．その証拠に，一生を左右するかもしれない就職先の選定のときでさえ，希望業種や職種，個々の企業などの未来予測をしている人を見たことがありません．多くの人たちは出たとこ勝負で衝動的に就職先を決めているのです．好景気に浮かれているときには証券会社や商事会社に志願者が殺到し，景気が落ち込めば公務員の人気が上昇するのもその顕れでしょう．

就職ばかりではありません．小は個人が行なうささやかな投資から，大は地方行政や国が行なう事業まで，見込み違いが多すぎやし

ませんか．きっと予測がじゅうぶんでなかったに，ちがいありません．見込み違いで生じた損失額の数パーセントを予測に投入していたら，大きな損失が防げたのではないかと思われる事例が多すぎます．

　人ごとではありません．私自身，ろくに先を読みもしないで当座の誘惑に負けて行動し，ずいぶん損ばかりしてきたなと反省しています．これからは，この本の趣旨に沿って科学的予測に努めることにいたしましょう．長い間，お付き合いいただき，どうもありがとうございました．

付 録

付録(1) 偶数時点移動平均による誤差の縮小

偶数時点の移動平均を求めるときには，本文32ページのように，$n+1$個のデータのうち両端のデータについては2で割ってから，残りの$n-1$個のデータと合計し，総計をnで割って平均を算出します．したがって，各データに含まれる誤差も同じ計算過程をたどります．この過程で誤差のバラツキの大きさを表わす標準偏差がどのように変わってゆくかを調べてみましょう．

図の(a)は，両端のデータに含まれる誤差の標準偏差がσであることを示します．つまり，これらの誤差は，それぞれ

$$N(0, \sigma^2)$$

に従います．そこで，これらを2で割ると，誤差はそれぞれ(b)のように

$$N(0, (\sigma/2)^2)$$

となるはずです．そして，これらを合計したものは，正規分布の加法性によって，(c)に示したように

$$N\left(0, \left(\frac{\sigma}{2}\right)^2 + \left(\frac{\sigma}{2}\right)^2\right) = N\left(0, \frac{\sigma^2}{2}\right)$$

に従います．これに，両端のデータ以外の$n-1$個のデータに含まれる誤差(d)を加えた値は

$$N\left(0, \frac{\sigma^2}{2} + \underbrace{\sigma^2 \cdots + \sigma^2}_{n-1\text{個}}\right) = N\left(0, \left(n-\frac{1}{2}\right)\sigma^2\right)$$

(a) σ σ

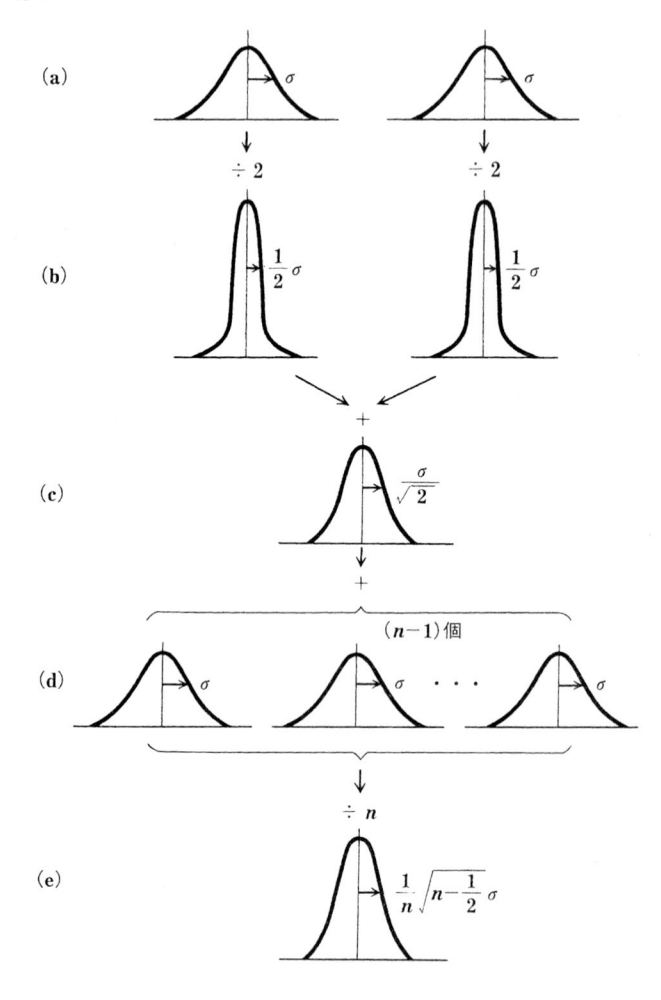

$\div 2$ $\div 2$

(b) $\frac{1}{2}\sigma$ $\frac{1}{2}\sigma$

+

(c) $\dfrac{\sigma}{\sqrt{2}}$

+

$(n-1)$個

(d) σ σ $\cdots$ σ

$\div n$

(e) $\dfrac{1}{n}\sqrt{n-\dfrac{1}{2}}\,\sigma$

という正規分布に従うことになります．この値の標準偏差は

$$\sqrt{n-\frac{1}{2}}\,\sigma$$

です．最後に，平均を求めるために n で割りますから，標準偏差は(e)のように

$$\frac{1}{n}\sqrt{n-\frac{1}{2}}\sigma$$

となります．個々のデータに含まれる誤差の標準偏差は σ でしたから，移動平均によって誤差は

$$\frac{1}{n}\sqrt{n-\frac{1}{2}}$$
(2.11)と同じ

に縮小されることがわかりました．

付録(2) 移動平均による縮小率の計算

本文 56 ページの式(2.25)から運算をつづけます.

$$\frac{4}{3\pi}\int_{-\frac{\pi}{8}}^{\frac{\pi}{8}}\left\{\cos\left(\theta-\frac{\pi}{4}\right)+\cos\theta+\cos\left(\theta+\frac{\pi}{4}\right)\right\}d\theta$$

$$=\frac{4}{3\pi}\left[\sin\left(\theta-\frac{\pi}{4}\right)+\sin\theta+\sin\left(\theta+\frac{\pi}{4}\right)\right]_{-\frac{\pi}{8}}^{\frac{\pi}{8}}$$

$$=\frac{4}{3\pi}\Big\{\sin\left(\frac{\pi}{8}-\frac{\pi}{4}\right)-\sin\left(-\frac{\pi}{8}-\frac{\pi}{4}\right)$$

$$+\sin\frac{\pi}{8}-\sin\left(-\frac{\pi}{8}\right)$$

$$+\sin\left(\frac{\pi}{8}+\frac{\pi}{4}\right)-\sin\left(-\frac{\pi}{8}+\frac{\pi}{4}\right)\Big\}$$

$$=\frac{4}{3\pi}\Big\{\sin\left(-\frac{\pi}{8}\right)-\sin\left(-\frac{3\pi}{8}\right) \qquad ①$$

$$+\sin\frac{\pi}{8}-\sin\left(-\frac{\pi}{8}\right) \qquad ②$$

$$+\sin\left(\frac{3\pi}{8}\right)-\sin\frac{\pi}{8}\Big\} \qquad ③$$

ここで, ①の第1項と②の第2項が消し合い, ②の第1項と③の第2項が消し合い, また, ①の第2項と③の第1項は等しいので

$$=\frac{4}{3\pi}\Big\{2\sin\frac{3\pi}{8}\Big\}=\frac{8}{3\pi}\sin\frac{3}{8}\pi \qquad (2.26)と同じ$$

となります.

一般に, n が奇数の場合には, 一周期が N 時点の周期変動に n 時点

の移動平均を施す場合について，縮小率を同じ手順で計算してみてください．いつも，①と②，②と③の各項が斜めに消し合い，①の最後と③の最初の項だけが残ったのと同じことが起こり，

$$\text{縮小率} = \frac{N}{n\pi} \sin \frac{n}{N} \pi \qquad (2.28)\text{と同じ}$$

であることが，わかります．

また，n が偶数の場合の一例として，2時点移動平均の縮小率を計算すると

$$\frac{1}{\frac{\pi}{8} \times 2} \int_{-\frac{\pi}{8}}^{\frac{\pi}{8}} \frac{1}{2} \left\{ \frac{1}{2} \cos\left(\theta - \frac{\pi}{4}\right) + \cos\theta + \frac{1}{2} \cos\left(\theta + \frac{\pi}{4}\right) \right\} d\theta$$

$$= \frac{2}{\pi} \left\{ \sin \frac{3\pi}{8} + \sin \frac{\pi}{8} \right\}$$

となりますが，この運算の過程に注目すると，一般に

$$\text{縮小率} = \frac{N}{2n\pi} \left\{ \sin \frac{n+1}{N} \pi + \sin \frac{n-1}{N} \pi \right\} \qquad (2.29)\text{と同じ}$$

であることに気がつきます．

なお，N と n が常識的な範囲にあれば，式(2.28)と式(2.29)との差は数パーセント以下ですから，式(2.28)をグラフ化した図2.11の値を使えば，実用上はじゅうぶんと思われます．

付録(3) 回帰指数曲線の求め方

$$y = c + ba^x \qquad (3.46) と同じ$$
$$y = c - ba^x \qquad (3.47) と同じ$$

で表わされる指数曲線がデータを回帰するように a, b, c を求める方法は，理屈はちとめんどうですが，手続きは簡単です．そこで，理屈はあと廻しにして，a, b, c を求める手続きのほうからご紹介しましょう．

まず，時系列に並んだデータを n 個ずつに 3 等分してください．データの数が 3 の倍数でないときには古いほうのデータを 1 つか 2 つ削除して残りを 3 等分しましょう．そして，時間軸(x軸)の目盛りを 0, 1, 2, ……と変更していただきます．こうすると，データの x_i と y_i の値は，たとえば，下表のようになるはずです．

x_i	y_i	
0	2.65	
1	2.51	$S_1 = 7.56$
2	2.40	
3	2.32	
4	2.26	$S_2 = 6.79$
5	2.21	
6	2.17	
7	2.13	$S_3 = 6.40$
8	2.10	

つぎに，3 つのグループごとに y_i の値を合計してください．表のようにです．そして，合計した値をそれぞれ S_1, S_2, S_3 として

$$a=\left(\frac{S_3-S_2}{S_2-S_1}\right)^{1/n} \tag{1}$$

$$\pm b=(S_2-S_1)\frac{a-1}{(a^n-1)^2} \tag{2}$$

$$c=\frac{1}{n}\left\{S_1+(S_1-S_2)\frac{1}{a^n-1}\right\} \tag{3}$$

を計算してください．ただし，b についている＋は式(3.46)に，－は式(3.47)に対応します．表の場合について計算すると

$$a=\left(\frac{6.40-6.79}{6.79-7.56}\right)^{1/3}\fallingdotseq 0.797\fallingdotseq 0.80 \tag{4}$$

$$b=(6.79-7.56)\frac{0.797-1}{(0.797^3-1)^2}\fallingdotseq 0.64 \tag{5}$$

$$c=\frac{1}{3}\left\{7.56+(7.56-6.79)\frac{1}{0.797^3-1}\right\}\fallingdotseq 2.0 \tag{6}$$

となりますから，表のデータを回帰する指数曲線は

$$y=2+0.64\times 0.8^x \tag{7}$$

であることを知りました．これだけで終わりです．

では，好奇心に富む方のために，a, b, c が式(1)，(2)，(3)で計算される理由を申し上げましょう．データの値 y_i が $y=c\pm ba^x$ の指数曲線上に並んでいるとすれば

$$\begin{aligned}S_1=\sum_{x=0}^{n-1}y_i&=\sum_{x=0}^{n-1}(c\pm ba^x)\\&=nc\pm b(1+a+a^2+\cdots+a^{n-1})\\&=nc\pm b\frac{a^n-1}{a-1}\end{aligned} \tag{8}$$

$$S_2 = \sum_{x=n}^{2n-1} y_i = \sum_{x=n}^{2n-1} (c \pm ba^x)$$

$$= nc \pm ba^n(1+a+a^2+\cdots+a^{n-1})$$

$$= nc \pm ba^n \frac{a^n-1}{a-1} \qquad (9)$$

$$S_3 = \sum_{x=2n}^{3n-1} y_i = \sum_{x=2n}^{3n-1} (c \pm ba^x)$$

$$= nc \pm ba^{2n}(1+a+a^2+\cdots+a^{n-1})$$

$$= nc \pm ba^{2n} \frac{a^n-1}{a-1} \qquad (10)$$

つづいて，式(9)から式(8)を引くと

$$S_2 - S_1 = \pm b \frac{(a^n-1)^2}{a-1} \qquad (11)$$

また，式(10)から式(9)を引けば

$$S_3 - S_2 = \pm ba^n \frac{(a^n-1)^2}{a-1} \qquad (12)$$

したがって，式(11)と式(12)から

$$a^n = \frac{S_3 - S_2}{S_2 - S_1} \qquad \therefore \quad a = \left(\frac{S_3 - S_2}{S_2 - S_1}\right)^{1/n} \qquad (1)と同じ$$

また，式(11)から式(2)が得られますし，さらに，式(1)と式(2)を式(10)に代入すると式(3)となり，めでたく，式(1)，(2)，(3)が成立することが証明されました．

付録(4) 変数が4つ以上の重回帰の式

x, y, z による w の回帰方程式を
$$w = ax + by + cz + d$$
とおくと,

$$a = \frac{\begin{vmatrix} S_{xw} & S_{xy} & S_{xz} \\ S_{yw} & S_y^2 & S_{yz} \\ S_{zw} & S_{zy} & S_z^2 \end{vmatrix}}{\begin{vmatrix} S_x^2 & S_{xy} & S_{xz} \\ S_{yx} & S_y^2 & S_{yz} \\ S_{zx} & S_{zy} & S_z^2 \end{vmatrix}}$$

であり,この分母を D と書けば

$$b = \begin{vmatrix} S_x^2 & S_{xw} & S_{xz} \\ S_{yz} & S_{yw} & S_{yz} \\ S_{zx} & S_{zw} & S_z^2 \end{vmatrix} / D$$

$$c = \begin{vmatrix} S_x^2 & S_{xy} & S_{xw} \\ S_{yx} & S_y^2 & S_{yw} \\ S_{zx} & S_{zy} & S_{zw} \end{vmatrix} / D$$

$$d = \bar{w} - a\bar{x} - b\bar{y} - c\bar{z}$$

で計算できます.ここで,b の分子にある行列式は a の分子にある行列式で x と y とを入れ換えたものですし,c の分子にある行列式は a の分子の行列式において x と z を入れ換えたものにすぎません.回帰方程式で x と y と z とはまったく同じ立場にありますから,これは当然のことなのです.

ここで,各行列式における w, x, y, z の配列に注目してみてくださ

い．たとえば，a, b, c に共通の分母である D に注目すると，x^2 は xx のことですから

1行目は	xx	xy	xz
2行目は	yx	yy	yz
3行目は	zx	zy	zz

であり，配列に明瞭な規則性が見られるではありませんか．このような規則性をのみ込みさえすれば，変数がいくつにふえても重回帰の式を求めることができるでしょう．

著者紹介

大村　平（工学博士）
おおむら　ひとし

　1930年　秋田県に生まれる
　1953年　東京工業大学機械工学科卒業
　　　　　防衛庁空幕技術部長，航空実験団司令，
　　　　　西部航空方面隊司令官，航空幕僚長を歴任
　1987年　退官．その後，防衛庁技術研究本部技術顧問，
　　　　　お茶の水女子大学非常勤講師，日本電気株式会社
　　　　　顧問などを歴任
　現　在　(社)日本航空宇宙工業会 顧問など

予測のはなし【改訂版】
―― 未来を読むテクニック ――

1993年9月16日	第1刷発行
2005年2月4日	第6刷発行
2010年7月29日	改訂版第1刷発行
2019年1月15日	改訂版第7刷発行

　検印省略

　著　者　大　村　　　平
　発行人　戸　羽　節　文

　発行所　株式会社 日科技連出版社
　〒151-0051　東京都渋谷区千駄ヶ谷5-15-5
　　　　　　　DSビル
　　　　　　　電　話　出版　03-5379-1244
　　　　　　　　　　　営業　03-5379-1238

Printed in Japan　　印刷・製本　株式会社　リョーワ印刷

Ⓒ　*Hitoshi Ohmura* 1993, 2010
ISBN978-4-8171-9358-2

URL http://www.juse-p.co.jp

本書の全部または一部を無断で複写複製(コピー)することは，著作権法上での例外を除き，禁じられています．

はなしシリーズ《改訂版》
絶賛発売中!

■もっとわかりやすく,手軽に読める本が欲しい!
この要望に応えるのが本シリーズの使命です.

確 率 の は な し
統 計 の は な し
統 計 解 析 の は な し
微 積 分 の は な し(上)
微 積 分 の は な し(下)
関 数 の は な し(上)
関 数 の は な し(下)
実験計画と分散分析のはなし
多 変 量 解 析 の は な し
信 頼 性 工 学 の は な し
予 測 の は な し
O R の は な し
Q C 数 学 の は な し
方 程 式 の は な し
行列とベクトルのはなし
論 理 と 集 合 の は な し
評 価 と 数 量 化 の は な し
人 工 知 能(AI)の は な し
戦 略 ゲ ー ム の は な し

日 科 技 連